时间的
起点

ARIEH BEN-NAIM

著 ——▶ [以色列] 阿里耶·本-纳伊姆 译 ——▶ 李永学

THE BRIEFEST
HISTORY
OF TIME

THE HISTORY OF HISTORIES OF TIME AND
THE MISCONSTRUED ASSOCIATION
BETWEEN ENTROPY AND TIME

北京联合出版公司
Beijing United Publishing Co.,Ltd.

谨以本书献给一切可以得到如下逻辑结论的科普图书读者：

如果：时间 = 熵

那么：让我想一想

我的结论是：

当熵很久很久以前，时间非常非常低。

昨天晚上，我们度过了美好的一熵。

熵能医治一切创伤。

只有熵能够告诉我们一切。

熵就是金钱。

我希望，通过阅读这本书，你会理解，为什么这些结论全都是初始前提的完美结论。

万川归大海，海何曾满：江河来自何方，又将回返何处。《传道书 1∶7》（*Ecclesiastes*）

序 言

本书面向任何对时间有兴趣的读者，任何想知道科学家们就时间问题写过些什么东西的读者，和那些想要把阅读有关时间的文章作为享受的读者。本书面向的读者从没有科学背景的外行人士到最有经验的科学家，所有人都可以从本书受益。

写作本书出于三重目的。首先，我要证明，人们可以用一页纸——最多不超过两页——叙述时间的历史；其次，我想要批判地检查一下其他作者有关时间的历史写了些什么；最后，我想要训练读者批判地阅读科学作品的能力。

人们可以把这部书视为斯蒂芬·霍金（Stephen Hawking）的两部书的续集：其中第一本是1988年出版的《时间简史》（A Brief History of Time，以下简称《简史》），另一本是发表于2005年的《时间更简史》（A Briefer History of Time，以下简称《更简史》）。

正如我将在这本书中让大家看到的那样，时间最简短的历史可以用一两页纸写完。有关时间的历史没有什么好多说的。事实上，最短的历史也是最长的时间史。

霍金的书于1988年出版后不久，我就拜读了。出于如下原因，我个人并不是很喜欢这本书。首先，这本书的标题对人有误导作用。第一，这本书的大部分内容说的都是科学史，而不是时间史；第二，这本书的内容比较烦琐，结构不清晰，就像一份从亚里士多德（Aristotle）到当代科学史中选取的项目罗列表格一样。更为恰当的书名应该是"从古代到现代"（From Antiquity to Modernity）。而我最不喜欢的是其中有关时间与热力学第二定律的不恰当联系，我认为这本书不应该出自像霍金这样水准的科学家之手。

2006年，在撰写题为《熵的神秘国度》（Entropy Demystified，见 2.3 节）的书时，我也阅读了霍金于 2005 年出版的《更简史》。这本书显然在第一部书的基础上做了改进。写作的风格更加简约明晰了，题材的选择也更恰当了。更重要的是，第一部书中有关时间与熵和第二定律的内容都没有在这本新书中再次出现（详见 6.2 节）。但《更简史》这个书名仍然存在着误导，因为在这本书中，能够与时间的历史搭上边的东西实在少得可怜。

而让我感到疑惑的是，《简史》中一些与时间有关的部分在《更简史》中被完全删去了，而在《更简史》中作者却没有解释原因。这是因为作者顿悟，发现这些部分是错误的吗？或者说，删去它们只是出于删繁就简的原因？我将在本书第 5 章与第 6 章中较为详细地探讨这个问题。

本书由三个主要部分组成。第一部分由两个介绍性的章节组成，分别是"什么是时间"和"什么是某种事物的历史"。第二部分由第 3 章和第 4 章组成——这一部分是本书的核心，其中的内容紧扣每个章节的标题，同时也紧扣全书的主题。

我在书中分别处理了时间和空间，尽管人们当前认为，它们二者结合，形成了时空，甚至有些作者在作品中表明，空间与时间维度是等价的，但实际情况并非如此。[1] 第三部分由第5章和第6章组成。第5章讨论了熵和热力学第二定律，以及它们与时间之间的关系。我使用通俗易懂的语言，认真详细地解释了熵和第二定律的概念，希望每个读者都能够理解我想要传递的信息。我并没有叙述大部分专业细节，对此有兴趣的读者们可以从我以前出版的书〔Ben-Naim（2008a，2012，2015a）〕中找到这些细节。在本书第6章中，我批判性地讨论了有关书籍，这一部分是理解这些讨论的关键。无论过去与现在，人们都把熵和第二定律与所谓的时间箭头联系在一起。在大多数情况下，当作者写到时间的意义时，这些概念都被人误用与滥用。我希望说服读者，让他们相信，熵和时间之间并没有联系。事实上，我撰写整个第5章的目的都在于说服读者，让他们认识到，这样的一章不应该存在于讨论时间的历史的书中，这多少有些自相矛盾。

熵并不是对无序、无组织或者混乱的度量；熵不是对能量分散的度量；熵不是自由度的度量，它也不是某种信息，熵更不是时间。如果你相信任何有关熵的这些"含义"，你必须给出证明！

熵是香农（Shannon）的信息度量（SMI）的一个特例。我已经在别的书中证明过这一点〔见Ben-Naim（2008a，2012，2015a）〕。SMI的定义是与一个处于平衡的热力学系统相关的特定分布，这个系统的熵与SMI成正比。换言之，当这个系统在变化中走向平衡时，它的SMI随时间变化。仅当系统达到平衡时，SMI才取得它的最大值，这个值与系统的熵成正比。遗憾的是，人们就时间与熵之间的关系写下的大部分东西都是一团混乱。这团混乱的始作俑者是克劳修斯（Clausius），他的主张是"宇宙的熵一直在增加"。这是对第二定律的一个十分遗憾的构想。我们可以原谅克劳修斯对第二定律这样一种过分笼统的表达。但许多科学家甚至直到今天还在重复这一空洞的陈述，尤其是当他们写到大爆炸时的宇宙。

正如我在第6章中阐述的那样，宇宙大爆炸是一个高度推测性事件。我认为，人们在这一理论中提出的假设过多，他们通过倒推那些假设，形成了大爆炸这一猜想，而所有这些假设，没有一个得到证实。因此，宇宙大爆炸极有可能根本没有发生过。遗憾的是，对于大部分以大爆炸为题材写作的作者来说，他们都让读者觉得，这是一个得到了充分证明的事实。

宇宙的熵是无法定义的，无论从理论上或者实验上都不行。因此，声称"大爆炸时刻的宇宙的熵很低"，这一点完全无从谈起。大爆炸是否存在尚无定论，声称"在这一事件时宇宙的（没有意义的）低熵值能够解释我们的存在"，我认为，这种说法是荒唐的，而且肤浅到了荒谬的程度。

我也会在第6章中批判性地评论《简史》和《更简史》，以及其他讨论时间、时间史和时间理论的书籍。我们可以将这一部分视为时间史的历史。

最后，我希望能够让读者意识到：

1. 时间在本质上是不受时间影响的！它没有历史。

2. 无论熵或者热力学第二定律，都与时间毫不相干。

3. 一个实体物体的历史是发生在一系列空间点与时间点上的事件的一份清单。

4. 几乎完全没有办法说出某个抽象概念，如美、数学定理或者时间的历史。

我希望你会因为阅读本书而感到快乐。

阿里耶·本-纳伊姆

以色列，耶路撒冷希伯来大学，物理化学系

电子邮箱：ariehbennaim@gmail.com

致 谢

作者对以下人员表达深切的谢意：

约翰·安德森（John Anderson）、安迪·奥古斯蒂（Andy Augousti）、戴维·埃弗尼尔（David Avnir）、戴维·格马赫（David Gmach）、罗伯特·汉伦（Robert Hanlon）、沃尔夫冈·约翰松（Wolfgang Johannsen）、兹维·科尔森（Zvi Kirson）、阔兹·克鲁格（Götz Kluge）、伯纳德·拉文达（Bernard Lavenda）、阿兹里尔·列维（Azriel Levy）、刘笑（Xiao Liu，中文名字根据音译）、迈克·马丁（Mike Martin）、艾伦·明顿（Allen Minton）、迈克·雷恩博尔特（Mike Rainbolt）、埃里克·邵博（Eric Szabo）、戴维·托马斯（David Thomas）、彼得·魏特曼（Peter Weightman）、基思·威利森（Keith Willison）和哈里·齐尼亚（Harry Xenias），他们都阅读过我的部分或者全部手稿，并提出了宝贵的意见。

特别感谢我的朋友亚历克斯·魏斯曼（Alex Vaisman），他为本书绘制了精美的插图。

我一如既往地感谢我的妻子鲁比（Ruby）的帮助，她坚持参与了本书的写作、打字、编辑、再编辑和润色等所有阶段的工作。

缩略语表

20Q	20个问题
BH	黑洞
《简史》	《时间简史》
《更简史》	《时间更简史》
《永恒》	《从永恒至此》
《起点与终点》	《时间有起点吗？时间有终点吗？》
第二定律	热力学第二定律
SMI	香农的信息度量

目　录

/ 1 /

什么是时间

1.1 前言

本章的标题向作为读者的你提出了这个问题，我将以探讨这个问题作为正文的开始。我敢肯定，你知道什么是时间；在向别人询问时间或者回答他人对于时间的询问时，你经常用到这个词。我建议你花一点点工夫（我当然说的是时间）做一点功课或者练习。通常，你会在学到或读到什么新东西之后做练习，以检验你对新东西的理解。但在这里，我建议你做练习是为了准备好批判性检查后文读到的内容。

我建议你看看表 1.1，你会看到一份"时间"的惯用表达方式的清单。其他一些带有插图的表达方式在附录中。

表1.1　有关时间的惯用表达式

时间的质量

- 好日子（Good time）
- 倒霉日子（Bad time）
- 艰难时世（Hard time）
- 祝你玩得开心（Have a nice time）
- 祝你走运（Have a good time）
- 时机已经成熟（Time is ripe）
- 坎坷岁月（Have a rough time）
- 艰难度日（Have a thin time）
- 宝贵时光（Quality time）
- 重要时刻（Big time）
- 光阴似箭（Time is swift）
- 一路艰辛（A devil of a time）
- 轻松一刻（Have an easy time of it）
- 这是我生命中的重大时刻（This was the time of my life）
- 好好玩玩吧（Have a lovely time）
- 慢慢来，别着急（Take your time）

时间的数量

- 短时间（Short time）
- 时间充裕（All the time in the world）
- 长时间（Long time）
- 时间紧迫（Pressed for time）
- 没时间了（Run out of time）

时间的价值

- 时间就是金钱（Time is money）

- 别浪费时间（Don't waste your time）

- 争取时间（Buy time）

- 节省时间（Save time）

- 在（某件事上）花费时间（Invest time in）

- 借得几年光阴（Live on borrowed time）

- 耽误时间（Lose time）

- 浪费时间（A waste of time）

与时间相关的运动与速度概念

- 时间流逝（Time passed）

- 与时间赛跑（A race against time）

- 时间箭头（Arrow of time）

- 时间过得飞快（Time runs fast）

- 时间停止了（Time stopped moving）

- 时间过得很慢（Time runs slow）

- 战胜了时间（Beat time）

- 时间飞逝（Time flies）

- 欢乐时间易逝（Time flies when you are having fun）

时间拟人化

- 时间会说明一切（Time will tell）

- 时间会医治创伤（Time heals）

- 时间的摧残（Time ravages）

续表

- 时间会创造奇迹（Time works wonders）
- 杀时间/消磨时间（Kill time）

请大家慢慢地、仔细地阅读这份清单。写下每个表达式的含义，然后问自己几个问题，并试图回答这些问题。例如：

1. 这份清单中所有的"时间"（time），指的都是同样的时间吗？

2. 这份清单中的所有"时间"，都跟你感到的正在流逝的时间一样吗？

3. 在这份清单中所有的"时间"都跟你在钟表上看到的一样吗？

4. 为什么时间会有这么多的修饰定语，如"好"和"倒霉""飞快"和"慢"，以及其他种种表达？

5. 你是否能够想到其他如空间、爱或者美等抽象概念，它们也可以用这么多修饰词来描述吗？

6. 为什么这些惯用语听上去都很"自然"，但不论其中哪个，如果你用"空间"代替其中的时间，它就会变得很尴尬，而且很可能毫无意义？

7. 最后，问你自己一句：什么是时间？

我建议你，在继续阅读本书之前，写下这些问题的答案，或者在脑子里想一想。或许你会想出其他的问题和答案。而且，如果你觉得，它们能够帮助未来的读者理解时间，那就请你给我写信，我会把它们加入上面的建议清单之内。

1.2　我们能够定义时间吗

在踏上研究与探讨时间的征程之前，我先向大家介绍以下几种标记方法。在大多数时间内，我将以我们通常的方式使用"时间"这一术语，就像在表1.1中出现的所有"时间"一样。然而，有时候，当我想要强调我现在指的是真正的作为物理量的时间时，我将把时间的首字母写成大写，即"Time"（本书将采取加下划线的方式表示）。对于那些或许会质疑时间是否存在的人，我想在此澄清我说的"作为物理量的时间"的含义。这就是我在我的钟表上读取的时间。这个时间或许不同于你在你的钟表上读取的时间，或者其他人在世界上的别的钟表上读到的或者没有读到的时间。谈论世界上每个人在他或者她的钟表上看到的同一种时间是不可能的，或许甚至是没有意义的。在一项实验中，我们通常测量时间的前后差别，比如我们想要确定某种物体的速度的时候。胡夫特（Hooft）和范多伦（Vandoren）曾在2014年出版了一部有关各种测量时间方法的书，值得一读。

任何一个提出"现在什么时间了？"的人都知道什么是时间，但跟这么多抽象概念，如空间、美或者生命一样，时间的准确概念也非常飘忽，难以捉摸。在卡罗尔于2010年出版的题为"《从永恒至此》"（*From Eternity to Here*）的书中，他曾在序言中向读者承诺："到了本书的结尾部分，我们将准确地定义时间，这一定义可以用于任何领域。"正如我们将在第6章中讨论的那样，这样的承诺是永远无法兑现的。

圣·奥古斯丁（St.Augustine）有这样一段名言："那么什么是时间呢？如果没有人问我，我知道它是什么。如果我想要对向我提问的人解释它是什么，那我就不知道了。"几乎每一天，我们都不止一次地用到"时间"这个概念，却从没认真地考虑过它的准确定义，或者这样一个定义是否真正存在。事实上，我们大量地使用或者见到许多有关"时间"的惯用表达，但是它们与作为物理量的时间有非常不同的含义。

时不时地，我们会在生活中经历许多时间段，它们可以是"倒霉的时间""美好的时间"，甚至可能会是"神奇的时间"，但这些时间都不是通过我们的钟表计量的。时间身上真的带有某种品质，它们能够让不同的时间有所不同并且因人而异吗？

时间是否具有价值？当我们说"时间就是金钱"或者说"寸金难买寸光阴"的时候；当我们说"争取时间""花费了大量时间"的时候；当我们试图"节省时间"，或者小心地不去"浪费时间"的时候，我们当然相信"时间是有价值的"。

为什么我们要把时间拟人化，并为它赋予不同的属性呢？时间真的会医治一切创伤吗？它会践踏一切吗？我们说"时间能够创造奇迹"，或者说"只有时间能够告诉我们"，但难道时间真的能够创造或者说出任何事情吗？而且，当我们在为时间赋予某些人性化属性的过程中，那时我们真的会因为时间"如此顽劣"，而恨不得"杀"了它或"磨"了它吗？

我不知道还有哪个抽象概念会有这么多属性。在现代物理学中，"时间"几乎得到了与空间同样的地位，有些人甚至说二者是等价的。更准确地说，时间就跟空间一样，拥有那种我们可以用三个坐标值（x, y, z）定义一点的地位。

我们能够说空间跑得快或者慢吗？我们能够说空间好或坏，或者神奇吗？有时候我们确实会说"买一块空间"，或者"节省空间"。但这跟说"买时间"或者"节省时间"是非常不同的。当我们说买空间的时候，我们指的是真正的"物理空间"，我们可以在里面摆放某些物品。这两种表达方式是一种例外；在表格中的大部分表达习惯中，我们无法用"空间"代替"时间"。例如，我们永远不会说"空间会医治创伤"，或者说我们想"消磨空间"。

我无法解释，为什么这么多时间的属性看上去如此"自然"，但把那些说法赋予空间就会变得如此别扭。或许时间在日常生活中并不具有与空间相同的地位。我们感到，时间在我们的生命中比空间更为重要。这是一种幻觉，因为如果没有空间，我们便无处生存。产生那种错误观念的原因就是我们只拥有"有限的时间"，因此我们一定要最大限度地实现对它的最佳利用。

在斯莫林（Smolin）于2014年出版的著作中，他的整本书几乎都用于回答"时间是虚构的还是真实的"这个问题。我个人认为，这个问题在物理学领域内是无法回答的。这是一个哲学问题，与我们利用感官感知到的一切事物——包括我们自己的存在——是否是真实的类似。

在以下几节中，我们开始讨论时间的其他方面，其他科普读物的作者也在讨论这些问题。

1.3　时间在流动吗

在我们对时间的一切感觉中，占据支配地位的或许是它在流动，而且它是在跑，有的时候快得转瞬即逝，有时又慢得如同蜗牛，但它是在实实在在地流动。但是，时间真的在流动吗？

然而，在我们试图讨论时间流动这个问题之前，让我们先考虑一些流动物体的例子。

你也许会在一本百科全书中看到这样的句子：

> 约旦河流入死海（The Jordan River flows into the Dead Sea）。
>
> 密西西比河流入墨西哥湾（The Mississippi River flows into the Gulf of Mexico）。

人人都明白，"河流的流动"是一种修辞手法。流动的不是河流，而是水。确实，在百科全书中，有关"约旦河流入死海"，你或许可以找到更准确的表达方式。这不是河流本身在流动，而是河流中的水。

而在《圣经》中，我们可以看到下面的词句（见题献页）：

> 万川归大海，海何曾满。

当然，如果只是江河流进大海，大海绝不会被（水）灌满……

当我们说某件事物在流动时，我们需要为这种流动附上速度和方向，比如说一只独木舟或许会以每秒钟10米的速度在河上向着死海漂去。同样的物理量也需要赋予约旦河中向死海流去的河水。我们也可以说，河水正在排入死海，其流量或许是每秒钟1立方米。

然而在正常情况下，河流本身并不会流动——它没有速度，没有方向，也没有箭头。

当然，说河流在流动还是有意义的，在这种情况下，整条河流或者说其中的一部分正以某种速度沿某个方向运动。我们需要强调的一点是，河流本身的运动速度和方向并非沿着河流，而是沿着另外的某个箭头。图1.1描绘了水流和河流流动方向的不同。

现在想象你正划着一条沿着约旦河漂流的独木舟。你感到你正在相对于河岸运动。你能说出独木舟相对于河岸的速度和运动方向，但只有看到它相对于河外一点的运动时，你才能说出河流本身是否正在运动。在那个时候，你才能够说出河流本身运动的速度和方向。图1.2显示了河流相对于附近的农庄是怎样运动的。

当我们谈论时间的流动时，我们说的是时间正在走过，时间走过的快慢，但我们的意思并不是时间本身在运动，而是事件在变化，或者流动，或者随时间展开。于是，河流是时间的模拟，而水是事件的模拟。钟表每分钟滴答作响60次——这是它发出

图1.1 河流中的水流入死海

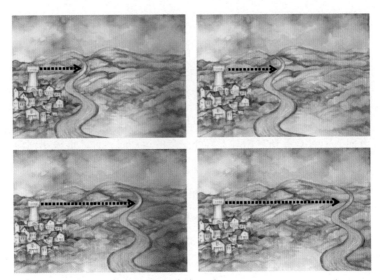

图1.2　相对于左岸房屋的流动的河流

滴答声的速率。地球每天绕它的轴自转一周，这也是我们对一天下的定义。地球每年绕太阳公转一周，这也是我们给一年下的定义。我们也可以用每秒钟转过多少度来描述地球的自转，或者任何其他的单位。所有这些事件都是按照时间的尺度记录的，时间的尺度也可以叫作时间轴或者时间线。如果我们想要谈论时间的流动本身，那我们就会面临一些问题——首先，我们不知道时间在哪里运动，而且，如果时间确实在运动，那么它是像河流本身一样，在空间中从一个地方向另一个地方运动吗？其次，什么是时间的运动速度？我们无法在同样的时间尺度或者时间轴上记录时间通过的各个点。这就像我们想要记录河流沿着河流的顺序位置流动一样（这就像我们所做的那样，记录水沿着河流流经的位置）。所以，如果我们想要记录时间的流动，我们无法在同一个时间轴内这样做。我们需要想象另一个时间轴，不妨称之为超时间，或者S-时间，在这个轴上，我们记录时间流动的S-时间点。对时间来说，我们可能想象到它经历或者通过的任何其他事件也都是真实的，但并不是在时间轴本身上面，而是在S-时间轴上面。这对所有时间的历史的记录都是真实的（见第4章），包括时间的起点与终点……

但如果我们能够创造一个新的S-时间轴，我们或许也会问，S-时间是否在流动。但它还是无法沿着S-时间本身的各个点流动，我们将不得不在另一个超S-S-时间轴上记录S-时间的各个点，我们或许可以把这个轴标记为S-S-时间，而且我们可以一直这样做下去。这种方式的草图见图1.3。

为了避免所有这些幻想，我们最好还是承认，我们无法知道时间是否在流动。我们不知道时间是否在变化（在哪里变化的？在什

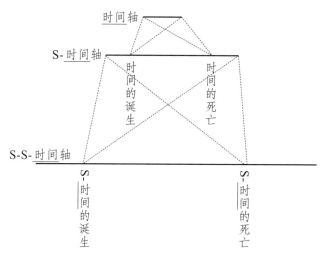

图1.3　时间轴、S-时间轴和S-S-时间轴

么时候变化的？），因此我们不知道时间是否有历史（见第4章）。

于是，对"时间是否流动？"这个问题的回答非常简单——无论你的回答是什么，你都无法证实也无法否证。你怎样选择都无所谓。

1.4　是否存在时间箭头

人人都"感到"，时间总是沿着一个方向行进——因为它总是在增加。钟表的指针总是沿着顺时针方向运动。当你每次庆祝生日的时候，日子与月份是一样的，但年份变化了，它总是一个更大些的数字。

在一些科普作品中，"时间箭头"被定义为一个来自过去、穿过现在、指向未来的箭头。但与"时间按照时间箭头的方向流动"的陈述相比，这一定义中存在的问题也有许多。我们是否能够客观地定义一个时间箭头，它能让每个人都接受？我们将在下面几节中讨论几个更为特定的时间箭头，但我们在这里提出的，是有关时间的箭头或者方向的更基本问题。

我认为，我们可以从两个可能的选项中选择。我们可以假定时间是一个坐标，是一条抽象的线，它不运动，不流动，没有对某个特定方向的执着，而我们或者任何事件都是按照某个优先选定的方向在这条线上"运动着"的。见图1.4a。在这里，"运动"不是在空间内，而是在时间中。或者，我们可以假定，当任何事件发生的时候，"时间"沿着它自己优先选定的方向"运动"，我们称之为时间的箭头，见图1.4b。

我们无法确定哪种观点是正确的。我比较喜欢第一种观点，

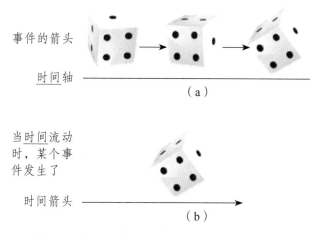

图1.4. 有关"时间的流动"的两种观点：事件的箭头和时间的箭头

但两种观点都可能是虚妄。

有时候，科普作品的作者认为，我们可以影响未来，但无法影响过去，而这一"事实"是与热力学第二定律相联系的。

例如，多伊奇（Deutsch）曾在他1997年出版的著作中写道：

……我们通过原因与效果的联系来考虑时间的流动。我们认为原因出现在它们的效果之前。

普遍被大众认可的观点是，我们具有自由意志：也就是说，在某种情况和条件下，我们能够在几种可能的情况下影响未来的事件（例如我们身体的运动），并选择哪种事件会发生；然而，与此相反，我们永远不会处于一种可以影响过去状况的条件。

　　我相信，作者在这里说的"常识性的观点"是我们共同的主观经验。我当然也同样有关于我们的自由意志的经验；我们可以影响未来，但是无法影响过去。然而我却怀疑这种主观经验的物理真实性。我们觉得我们能够影响未来，这一想法可能只是幻想，因为我们永远无法预测未来，而且我们无法确认是否有任何事件会被我们的"自由意志"影响。例如，我现在决定写下下面的句子，而且我能够看到它会像我"预测"的那样被写下来。但我并不清楚，我的"自由意志"是不是造成这一事件的原因。或许我的"自由意志"由另外的某个原因决定，比如在大脑中的某个生化过程，我是在它的影响下决定写这个句子的。很清楚，未来发生的、符合我们"自由意志"的事件让我们产生了偏见，但我们永远无法确认，我们真的可以说这些事件是我们自己决定的结果。事实上，我们无法确定，我们要做某件事情的决定是不是某种预先决定的事件的结果，也就是说，我们的自由意志本身或许是虚妄之说，就连我们觉得自己具有自由意志的感觉也同样可能是虚妄的想法。

　　无论在任何情况下，影响未来事件的主观感觉都与热力学第二定律毫无关系，尽管众多作者认为存在这种关系。

　　还有另外一个普遍的误解，就是人们混淆了两种情况，其中一个是原因与效果，另一个是条件概率。我们不打算在这本书中讨论这个问题。我曾在其他书中给出过有关这个问题的几个例子，见 Ben-Naim（2008a, 2008b）。

　　我们将在下面几节讨论三种最常见的"时间箭头"。有些作者定义了五个甚至更多的箭头。牛顿（Newton，2000年，150页）的著作中定义了以下箭头：

1. 在原因与效果之间的延迟。

2. 心理上知道时间的流逝，指向未来 —— 有些人称之为生物学箭头。我将其称为认知箭头。

3. 体现在热力学第二定律上的时间的单向流动。

4. 宇宙学箭头，定义为宇宙的膨胀。

5. 在物理学中使用的时间参数的方向，即时空的第四维度被指引的方向……

我认为三个箭头已经太多了。我还可以发明许多其他的箭头，它们对于我们对时间的理解毫无帮助。例如：世界上出版的书籍的数目永远随着时间递增。我们是否可以称之为"书籍的时间箭头"？是的，我们可以这么称呼它，但问题在于，这样一个定义是否对理解时间有用。

1.5 是否存在心理学时间箭头

当然有！我们总能感觉到时间朝一个方向流动。无论它走得快或者走得慢，它永远在向同一个方向运动。我们从来没有经历过时间的"逆向"流动。因此存在着一个确定的方向感 —— 时间总在增加，而这几乎就是生理学时间箭头的定义。甚至不仅仅对时间存在着方向感，还有速度感。一方面，我们有时候觉得时间走得快一些，特别是当我们比较忙或者有活动的时候。另一方面，当我们疼痛或者身染沉疴，或者翘首等待重要信息来临的时候，我们会觉得时间慢得难以忍受。在我们沉睡或者昏迷不醒时，有时候会感到时间会暂停。

所有这些都是有效的经验。唯一一个令人不踏实的问题是，这个时间箭头是否有任何物理实质。我们能够用数值来定义它吗？它是不是可以测量的？回答："很可能不行。"令人遗憾的是，有些人认为，生理学时间箭头等同于热力学箭头或者宇宙学时间箭头（见第6章）。

我们能够记得过去，但无法记得将来。有些作者利用了这一事实，将其作为心理学时间箭头的物理基础。甚至有人提出，这一事实在心理学时间箭头和热力学时间箭头之间的鸿沟上搭建了桥梁；这里的前者主要是主观的，而人们认为后者是客观的（见1.6章节）。他们不仅认为这一桥梁存在，而且还有人得出了结论，认为既然生理学时间箭头是主观的，那么热力学时间箭头也必定是主观的。其他人则得到了相反的结论：既然热力学时间箭头必定是客观的，由此可知，心理学箭头也一定是客观的。但这两项推论都无法自圆其说。心理学时间箭头是我们大家都能够感觉到的，这一点无可否认；而动力学箭头是虚构的，或许我应该说是虚妄的。在主观的心理学箭头和虚幻的热力学时间箭头之间并无联系（见1.6章节）。

所以，生理学时间箭头的存在并不取决于时间箭头是否存在。我们感到，时间是朝一个方向运动的，这就是生理学时间箭头的定义。

我们能够估计做某一件事需要多长一段时间，这种能力与对时间的心理学感觉不同。这依赖于我们自己的经验，用以指导我们应该如何估计从一个地方去另一个地方要走多长时间，或者开车要开多久。我相信绝大多数动物都对时间具有某种感觉。一只猎鹰能够在极为遥远的距离之外发现一只鸽子，它必定有能力"计算"它需要多长时间才能飞到这只鸽子跟前。然而，如果这

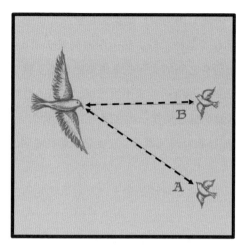

图1.5　猎鹰必须估计它能飞到位于A点的鸽子所需的时间。如果鸽子在运动，则猎鹰必须估计自己需要飞多远，以及需要多长时间才能飞到鸽子将会到达的B点

只猎鹰想要在鸽子飞行的时候拦截它，猎鹰就必须估计这只鸽子在这段时间内能够飞多远，比如说，可以从A飞到B（见图1.5）。这种对于时间的感觉很可能是大部分猛禽猛兽的一个能力，它们必须通过猎食其他动物生存。当然，被追逐的野兽也必须逃脱被猎食的命运，所以它们也会有同样的感觉！

1.6　是否存在热力学时间箭头

热力学时间箭头的想法由来已久，很可能是在克劳修斯构想第二定律的时候开始的："宇宙的熵永远在增加。"

热力学第二定律的这种表述是基于人们经常做出的"熵永远

在增加"这一陈述，因为时间也总是在增加，于是有人假定，二者之间必定存在着某种关联，热力学时间箭头便由此宣告诞生。热力学与时间箭头之间的实际联系很可能是爱丁顿（Eddington）于1928年提出的。尽管听起来不可思议，但有人竟然认为熵与时间相等，并且堂而皇之地在二者之间画上了等号！

"熵不仅能够解释时间箭头，它也能够解释时间的存在；它就是'时间'。"[1]

如此奇异的想法是对熵的意义以及对第二定律的陈述的深刻误解造成的。

首先，熵本身并不增加或者减少。说"熵在增加"，就跟说"美在增加"一样毫无意义。

人们必须指定一个熵会在其中增加或者减少的系统，这和我们必须指定一个观察其美丽程度在增加或者衰减的人是一样的。

人们通常在说，宇宙的熵总是在增加。例如，阿特金斯（Atkins）曾在2007年写道：

> 在出现任何自发变化的过程中，宇宙的熵在增加。这里的关键词是宇宙，而按照热力学一贯的传统，这里说的是系统及其周围环境。

遗憾的是，这样的陈述非常空洞。宇宙的熵没有得到定义，就像宇宙的美没有得到定义一样。因此，谈论宇宙中熵的变化毫无意义。然而，大部分撰写有关熵的论述的作者确实还在谈论，

---

[1] 斯库利（Scully），2007，亦可参阅第6章。——作者注

声称宇宙中的熵一直在增加，并把这种变化的方向与时间箭头相关联。〔更多的细节，见第6章和Ben-Naim（2015）。〕

在一个有明确定义的热力学系统中，熵是可以被定义的。这就意味着，在某个特定的温度T、压强P和某种组成N下（并忽略各种外部的场，如电场、磁场或者引力场），有一杯水或者一瓶葡萄酒，这个系统的熵是有明确定义的，它是几个特定变量构成的函数，我们将它写成$S = S（T, P, N）$，而且我们说，熵是一个状态函数。这就意味着，对于这个热力学系统的每一个状态，熵都有一个对应值。对于一些简单的系统，例如理想气体，我们可以计算熵的数值。而对于一些更为复杂的系统，我们可以测量熵，直至得到一个加常数；或者，另外一个与此等价的方法是，我们可以测量同一系统在两个不同状态下的熵的变化。我们把这个变化值记为$\Delta S = S（T_2, P_2, N_2）- S（T_1, P_1, N_1）$。在这样描述这个系统的情况下，熵是变量$T$、$P$、$N$的函数。它不是时间的函数，既不是时间的显函数，也不是通过在平衡状态下不变的变量T、P、N得到的时间的隐函数。

有一些特定组合的变量，它们可以刻画所谓孤立系统的性质。这样一个系统具有固定的能量E、固定的体积V和固定的组成N。在这里，我们又一次忽略了任何外部场对这个系统的影响。很明显，如此完美的孤立系统是不存在的，因为任何系统都总会与外部的场（如引力场）存在着一些相互作用，它们会影响系统的状态。然而，在理想的情况下，这是一个非常方便的系统，也正是在这样的系统的基础上，人们建立了统计力学。

对于孤立系统（E, V, N）的某个给定状态，它的熵是有定义的。同样，这个系统的熵是变量E、V、N的函数。它不是时间的函数。

也就是在这里，时间悄悄地溜进了热力学。第二定律说，如果我们在孤立系统中去掉了任何内部限制，随之而来的自发过程将永远让熵增加或者保持不变。最简单的例子是去掉隔开两种不同气体的屏障，见图1.6。一旦屏障去掉，这个系统将走向一个新的状态（见该图右侧），取得较高的熵值。

第二定律并没有说熵会随着时间增加，它更没有说任何系统的熵都会随着时间增加。第二定律也没有说（尽管有些人这么说）宇宙的熵永远在增加。它甚至没有说过，一个孤立系统的熵会随着时间增加。熵完全不是一个时间的函数。因此，根本不存在什么热力学时间箭头！

第二定律说的是，"当我们从一个孤立系统中取消一个限制时，这个系统将走向一个新的平衡状态，取得较高的熵值"。因此，$\Delta S > 0$ 是某个给定系统在两个不同的状态之间的熵值的差异，而不是在两个不同的时间之间熵值的差异。的确，熵的正向增加总是发生在时间正向增加的时刻。但这并不意味着熵是时间的函数。我们可以以一只皮球从山坡上滚下来作类比，见图1.7。假设一只皮球被放在山坡上某处，那里的高度是 h_1。我们去掉了一个让皮球静止不动的限制，于是它便向下滚动，取得了一个高度为 h_2 的新位置。皮球从山坡上滚下来所需的时间取决于皮球的大

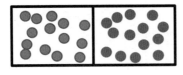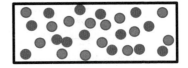

图1.6　两种气体的自发混合

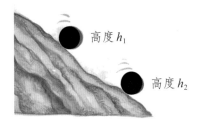

高度 h_1

高度 h_2

图 1.7   沿着山坡的斜坡向下滚动的球

小、它与山坡表面的摩擦，以及空气的阻力，等等。对于不同的实验，我们将得到高度不同的序列。我们不能说这个皮球的高度是时间的函数，或者说是时间的递减函数。（请注意，这里让皮球运动的驱动力与让熵增加的驱动力非常不同。）与此类似，我写下的字母的数目随时间增加，但这并不意味着字母的数目是时间的函数。我们将在第 5 章更为详细地讨论这个问题。

1.7   是否存在宇宙学时间箭头

心理学时间箭头是我们的主观感觉，热力学时间箭头是有关熵和第二定律的错误概念造成的，但所谓宇宙学时间箭头则既非我们的感觉，也与宇宙学全然无关。宇宙学时间箭头完全是一派胡言。

在许多科普书籍中（见第 6 章中对霍金的《简史》的讨论），人们把宇宙学时间箭头定义为"宇宙膨胀而不是收缩的过程中的时间的方向"〔霍金（1988），p145〕。这很显然是没有意义的。而当人们进一步推断，如果宇宙收缩，则在这个时候，时间的方向将逆转（无论这可能是什么意思），这里面含有的意义就更少了。

　　我们不知道，宇宙有一天是否会停止膨胀或者开始收缩。无论宇宙将来会有什么样的命运，这都和我们感觉到的时间箭头无关，或者和人们假定与熵关联的时间箭头无关。无论时间是什么，也无论时间箭头是什么，它都不由宇宙的膨胀或者（可能发生的）收缩决定。在第 6 章中，我们将进一步就霍金的《简史》这本书讨论时间箭头。遗憾的是，在《简史》中有关宇宙学时间箭头的一切讨论都没有在《更简史》中出现 —— 而且是因为一个非常好的原因才没有出现！

1.8　时间有起点吗，它会有终点吗

　　在那些与时间相关的所有问题中，人们对上面的这两个问题最为关心。大部分科普作品着重讨论这个问题，许多书甚至全篇讨论这个问题（见第 6 章）。为什么？有一些作者认为，对于这个问题的回答将对我们的生活产生深刻的影响，将戏剧性地改变我们对自己在宇宙中所处位置的观点，将回答有关生命的最本质的问题：我们从哪里来；在时间终结的时候我们将何去何从。

　　这样的胡扯连篇累牍地充斥着一本又一本书的内容，因此让我们确实应该进一步讨论这些问题（亦可参阅第 6 章）。我个人认为，在对这些问题的回答（假如真的会有回答的话）中，没有哪一个会对我们的生活、对我们自己在宇宙中的位置等，产生任何可以注意到的影响。事实上，我很怀疑，是否真的有人类在认真考虑这些问题，哪怕他们在人类总数中的占比微乎其微。我认为，很可能完全没有任何其他生物会考虑这些问题。

我可以想出许多有关事件更有趣、更重要的问题，对于它们的回答将对我们的生活产生深刻得多的影响：我们能否控制时间变化的速率？我们能否更有效地利用时间？我们能否储存时间，购买时间（不是惯用的意思，而是真正意义上的储存与购买）？我们是否能够选择（或设计）时间的品质？

所有这些问题听起来都非常抽象，而它很可能确实如此。但在这一节的标题上出现的那两个问题也同样如此（以及至少在一本书的书名中出现的问题也是这样；见6.4节）。

我想在此指出的一点是，无论我在上面提出的问题的现实性如何，如果我们能对其中哪怕一个做出回答，结果都将以最深刻的形式影响我们的生活，其深刻程度远远超过对时间的起点与终点的回答。

宇宙学家们如此热衷于讨论这两个特定问题，其原因是他们有一个宇宙学理论，或者说他们希望有一个关于宇宙的理论。在这样一个理论中，时间与空间是宇宙的组成部分。所以，任何有关宇宙的理论，同时也是有关时间和空间的理论。如果这个理论可以预测宇宙的命运，并且能追溯宇宙的起源，那么我们便可以回答这些"有关我们生命的核心问题"。

不幸的是，撰写这些宇宙理论的作者们没有足够强调这些理论的有效性（或无效性）以及这些理论的局限性。

假定我们拥有一个正确描述宇宙当前的膨胀的理论。于是，我们便能应用这一理论，用它来预测今后几十亿年间宇宙的发展，或者通过这一理论回头推导几十亿甚至上百亿年前的宇宙状态。但遗憾的是，我们永远无法断定，在如此遥远的时间跨度上，这一理论的预测是否有效；同样，我们也无法信任这一理论本身，不知道它是否将（或者曾会）对极为遥远的时间之外发生的事情有效。

根据我们今天能够观察到的事实，我们得到了宇宙正在膨胀的结论（更详细的讨论见第6章）。原则上，人们可以由此向回推导，发现在大约137亿年前，整个宇宙凝聚成一个具有无穷大密度（很可能也有无穷高的温度，见第6章）的奇点。人们称这个时刻为大爆炸起点。<u>时间</u>与空间就是在大爆炸中傲然诞生的骄子！有些作者会告诉你，提出有关大爆炸发生之前的问题是毫无意义的。但我认为，与声称这个问题毫无意义相比，提出这样一个问题要有意义得多。

与此类似，有各种不同的理论预言，从现在起，几十亿甚至几百亿年之后，宇宙将再度凝聚为一个奇点。这将是<u>时间</u>（和空间）的终点。人们把这称为宇宙大收缩。有些作者告诉我们，提出"大收缩后会发生些什么"这种问题毫无意义。但我还是认为，与声称这个问题毫无意义相比，提出这样一个问题要有意义得多。

有些作者确实指出，我们还没有一个有关宇宙的完整且可靠的理论，而且即使我们有，作为这个理论的一部分，所有的物理定律是否会在人们预言的大爆炸或者大收缩发生的时刻有效呢？这一点还在未定之天，因为根据预言，这两种情况都会处于极端条件。我认为，对于距离现在几十亿甚至几百亿年的时期，无论在此之前或者之后，我们永远无法确信，任何理论在那时仍然有效。因此，我不相信任何人能够回答这一节标题中提出的问题。而且，对于这些问题的任何试探性或者推测性回答，都不会对我们的生活，或者对我们自己在宇宙中位置的看法产生任何影响。有关这一问题的进一步讨论见第6章。

1.9 我们能够回到过去或者跨入未来吗

利用时间旅行回到过去或者跨入未来，这是科幻书籍与电影的热门题材。有些科普读物也讨论这些问题，其认真程度各异。

那些讨论回到过去的人通常声称，这样的旅行会造成一个悖论。不妨想象你回到了过去，比如说一百年前好了，结果你遇到了你的外祖母，那时她还是个年轻姑娘，离结婚还早。结果你跟她发生了争执，把她杀了。很明显，由于她"不合时宜的"去世，不能结婚，于是你的母亲也就没法出生，当然你就很可能同样没法出生。这是不是个悖论？不，这完全不是个悖论。一个悖论是一个无法被人接受的结论，一个建立在合乎情理的假设或可以接受的前提之上的不合理的结果〔塞恩思博里（Sainsbury，2009）〕。通过时间旅行回到过去的情况下，我们无法声称这种旅行本身是一个合乎情理的假定，或者是一个可以接受的前提。

此外，如果你真的能够回到过去，比如说来到你尚未出生的1900年，你遇到了你的外祖母……但是准确来说，与你的外祖母相遇的人到底是谁呢？由于当时你还没有出生，因此你是不可能在那里出现并遇到任何人的。

如果你相信，作为一个在今天有血有肉的人类，你仍旧能够出现在1900年并杀死你的外祖母，然后会发生什么情况呢？当你回到现实中之后，你会发现你根本就不曾出生，因此你无法进入时光机，所以也就没法遇见你的外祖母，也就没法杀死她。

与此类似，对于时间旅行跨入未来，也同样有各式各样稀奇古怪的故事，造成各种各样的悖论，其离奇程度完全不逊色于回到过去造成的悖论。我认为，跨入未来不但荒谬绝伦，而且无足轻重。

说它荒谬绝伦，因为未来还未到来。而且我们也不清楚你将去访问哪个人的未来。在你即将前去探访的未来的那一天到来之前，你很可能会死掉，既然如此，说你会在将来的某一天跨入未来并在那时存在，这样说的意义何在？你会突然出现在一个你的孙辈还活着的世界中吗？你会跟他们一起为你自己扫墓吗？而且，在你自己死后的那次未来之旅中，你是否还能够踏入重返今天的时光机？如果你相信平行宇宙（我不相信），那你就应该能够造访所有可能的未来。这肯定相当好玩！

造访未来肯定也是件微不足道的小事。你什么时光机都不需要，因为在你生命的每一秒，你都在向未来进军……

所有这些故事和悖论在科学中都没有位置。只有在科幻书籍中才有它们的一席之地。

1.10　时间会摧毁任何东西吗

有些作者喜欢使用"时间与熵的摧残"（the ravages of time and entropy）这个词组〔见 Ben-Naim（2015b）〕。我们将在5.10节中讨论更经常使用的词组——"熵的摧残"。在这里，我们只专注于时间的摧残。这句话的意思是，事物总是会慢慢地被摧毁、腐朽或者死亡（图1.8）。尤其是，当人们把时间箭头和熵的箭头结合（相当经常地），而且把熵与无序联系起来时（见第5章），他们几乎一成不变地得出结论，认为随着时间的推进，有序将归于无序，建筑物将变成瓦砾，生命将走向死亡——于是他们最终"预言"：长远地说，整个宇宙将不可避免地走向死亡（或者热寂

图1.8　时间和熵的摧残

灭，thermal death）。到了那时，无序将在整个宇宙占据统治地位，这也将是时间的终结！

宇宙的最终命运"不是我们可以预见"的。在这里，我们不妨从那首著名的歌曲中借用几段歌词："该来的，终究会来，无论是什么，都会到来……我们无法预见未来，该来的，终究会来。"① 所以，人们无法以任何有效的或者像样的理论证明宇宙的最终命运。我们将在第5章中讨论这个课题。至于现在，我想要提醒读者注意以下事实：

自从生命在这颗行星上出现以来，生命的形式、种类和复杂程度都一直在增加。我们当然无法把生命视为"时间摧残"的结果，但这只不过是一种应用于这个特定时间的修辞方式。你也可以说，每一个生命的诞生，每一座建筑物，或者每一件艺术品，都是时间的建设性力量的产物。这也是一种修辞方式，其准确程度不低于"时间的摧残"这种说法。事实是，时间并没有摧残任

① 这首流行歌曲第一次发表于1956年，作者是杰·利文斯顿（Jay Livingston，1915—2001）和雷·埃文斯（Ray Evans，1915—2007）的歌曲创作团队。——译者注

何事物，没有建设任何东西，也没有让任何生命诞生，更没有扼杀任何人的生命。简言之，时间什么也没有做。对熵来说也同样，所以其真实性更加毋庸置疑。（亦可参阅5.10节中有关熵的摧残的部分。）

1.11　万事皆有定时

我们已经在这一章问了许多问题。有些问题有答案，另外一些还没有答案，还有一些根本不可能有答案。现在到了结束提问做出总结的时间了。请读者阅读一下表1.2，你可以随心所欲地取用任何表述方式。万事皆有定时（Time），现在到了结束这一章的时候了。

表1.2　万事皆有定时

万事皆有定时，天下事皆有定季：

诞生之时与死亡之时，

栽种之时与根除之时，

残杀之时与治愈之时，

摧毁之时与建设之时，

痛哭之时与欢笑之时，

哀悼之时与雀跃之时，

抛撒石头之时与归拢石头之时，

拥抱之时与放开拥抱之时，

求索之时与放弃之时，

保存之时与丢弃之时，

撕毁之时与缝合之时，

沉默之时与开口之时，

热爱之时与仇恨之时，

战争之时与和平之时。

——《传道书》第 3 章

现在让我们来放松一下，欣赏来自《传道书》（*Ecclesiastes*）的词句。①

לְכֹל, זְמָן; וְעֵת לְכָל-חֵפֶץ, תַּחַת הַשָּׁמָיִם. (קֹהֶלֶת פֶרֶק ג)

עֵת לָלֶדֶת,   וְעֵת לָמוּת
עֵת לָטַעַת,   וְעֵת לַעֲקוֹר נָטוּעַ

עֵת לַהֲרוֹג,   וְעֵת לִרְפּוֹא
עֵת לִפְרוֹץ,   וְעֵת לִבְנוֹת

עֵת לִבְכּוֹת,   וְעֵת לִשְׂחוֹק
עֵת סְפּוֹד,   וְעֵת רְקוֹד

עֵת לְהַשְׁלִיךְ אֲבָנִים,   וְעֵת כְּנוֹס אֲבָנִים
עֵת לַחֲבוֹק,   וְעֵת לִרְחֹק מֵחַבֵּק
עֵת לְבַקֵּשׁ,   וְעֵת לְאַבֵּד
עֵת לִשְׁמוֹר,   וְעֵת לְהַשְׁלִיךְ
עֵת לִקְרוֹעַ,   וְעֵת לִתְפּוֹר
עֵת לַחֲשׁוֹת,   וְעֵת לְדַבֵּר

עֵת לָאֱהֹב,   וְעֵת לִשְׂנֹא
עֵת מִלְחָמָה,   וְעֵת שָׁלוֹם.

图 1.9 《传道书》部分原文

---

① 表 1.2 的原文是英文《传道书》第 3 章的标题和前 7 行内容，图 1.9 是希伯来语的同样内容。《传道书》第 3 章后面各行中不再有时（Time）字样出现，原文也没有继续引用。——译者注

请注意，"时（间）"这个词出现在标题和其他的文字中。在希伯来文本中，"时间"这个词以两种形式出现——第一种形式的意思是时间，第二种的意思是"对于……来说恰当的<u>时间</u>"。

改变的是时间还是大钟？

耶路撒冷一座古老的日晷。——照片摄于上午 11 时 12 分

/ 2 /

什么是某种事物的历史

这一章的目的是让作为读者的你做好准备，以便批判性地阅读那些告诉你时间的历史的书籍。

在这一章中，我们将呈上八份历史——几个事物的简短的历史，或者说非常简短的历史。正如我们将看到的那样，叙述某种实体事物的历史几乎没有任何难度。作为例子，我们将呈上人类的简史，我的简史，我写的某一本书的简史，以及某个特定物体的简史。在所有这些例子中，我们都可以把历史定义为一个与某种特定事物或者某个人有关的事件序列，它们发生在时间轴上某些特定的点（或者是在某个时间段之内）和空间某些特定的点上（或者是在空间的某个区域之内）。

当我们想要陈述某个抽象概念的历史时，有时可能出现两种不同历史的模糊不清之处：其一为概念本身的历史，另一个是与这个概念相关的想法、感知、解释等的历史。我们将讨论几个概念的历史：美、一个数学定理、一个物理学定律以及进化的历史。

在我们对某个物体的历史和某个抽象概念的历史有了一定

的了解之后，将在讨论时间的历史之前讨论空间的历史。人们认为，时间和空间是我们实际存在的基本部分。我们在某个时间点上、在某个空间之内开展实验，它们在这种意义上是真实的。然而，我们无法对空间或者时间进行实验，它们在这种意义上是抽象的。换言之，我们可以叙述发生在某个时间点和空间点上的事件，但我们几乎无法叙述时间或者空间本身发生了什么，或许只有起点与终点是例外。我们将在第3章和第4章中讨论这一困难。

2.1　人类简史

要准确地指出人类这个物种起源（dawning）的时间或者地点都很困难。我们称为智人的这个物种或许是几十万年前在非洲演化而来的。根据我们今天知道的情况，人类那时的生活方式与动物没有显著的差别，这种状况一直延续到"现代人类"出现，他们迅速地从非洲来到欧洲和亚洲那些没有冰雪覆盖的区域，并在大约70 000年前发展出语言。语言的发展是改变生物生存游戏规则的重要转折点。它为个体之间的沟通提供了一种有效的工具，因此让人类变成了凌驾一切生物的生物。就在语言发展的过程中，人类不断地渗入其他地区，有效地征服了世界。人们称这个时期为"认知革命"（cognitive revolution）。在此之前，人类与动物一样，依靠采集与狩猎获取食物。

回溯我们走过的脚步，一直到有文字记录的历史之初，人们相信，在大约1万年前发生了农业革命。这次革命很可能始于我们今天所知的中东地区（Middle East）。这又是人类生活方式的一次重大转变。

与过去人类依靠采集与狩猎获取食物不同，他们学会了种植植物与驯化动物。而且，通过这种方式，人类把食物的来源放到了自己身边。

人类学家建立了他们的理论，认为当人类变得更加聪明和拥有更多的生活技能之后，他们学会的东西越来越多，甚至掌握了种植植物与驯化动物更好的方法，以便让他们能够以更好、更容易、更安全的方式生活。

赫拉利（Harari）出版了一部让人颇为赏心悦目的书，题为《人类简史》（*Sapiens: A Brief History of Humankind*，2014），他在书中对以上提到的那种流行说法提出了挑战。他声称，农业革命并没有提高人类的生活品质。与此相反，他的设想是，在农业革命之前，人类享有一种无忧无虑的轻松生活，有着更为多样化的食物，他们遭受的饥饿与疾病的困扰比较小。其实他是在声称，是植物"驯化"了人类，而不是人类驯化了植物。他的证据是，人类生活在房子（住宅）中，而小麦没有！[①]

赫拉利认为，从五千年前到两千年前，历史上出现了三次重大发展，它们造就了人类的统一。第一个是人类发明的货币和贸易，第二个是他们创造的帝国，第三个是宗教的出现。

人类在最近两千年间的进化速度极快，迅猛且激烈。此后许多年，到了五百年前，科学革命进入成熟期。人类得到了史无前例的大量知识。为了控制世界，他们学会了如何驾驭能量。他们开发了在陆地、海上和空中的交通运输手段。他们也开发了大规

---

① 这里的说法带有一种双关性。驯化的英文是 domestication，这个词与意为住宅的 domicile 同源，因此，住在房子里的人类被驯化，而没有住在房子里的农作物则没有被驯化。——译者注

模生产的手段。

近一百年的历史见证了知识迅速、持续与爆炸性的增长。人类掌握了知识，这驱使他们一方面去研究原子与分子的微观世界，另一方面去研究宏观空间的广大区域。今天，对于我们生活于其中的世界，我们远比上一辈人理解得更多、更深刻，甚至远比他们在梦想中希望理解的更多、更深刻。人类今天的生活品质是否因为这些革命而得到了改进呢？这个问题是人们激烈争论的一个主题。

人类的预期寿命一直在增加，而且仍在持续增加。许多疾病和瘟疫被根除了，而作为科技突破的结果，如电话、电视机和计算机这样的产品已经成为大众常见商品。随着手机、社交网络、笔记本电脑和平板电脑的问世，整个世界触手可及，只要点击一下就可以尽情浏览。

但如同硬币一样，一个故事也永远会有两面。随着正面的优势与发展，也同时有许多负面效果产生。看上去，这种发展总是打包交易的，同时存在着好和坏两种结果。有时负面影响远远超过了正面影响，如大规模杀伤性武器，它们具有将世界上的一切化为齑粉的能力。我们呼吸的空气和我们的饮用水受到了污染，毒性也越来越高了。而且我们也还对食用转基因新食物的长远影响一无所知。我们痴迷于一些小玩意儿，却并不真正了解它们会对我们造成多大的损害。

只有时间能告诉我们：这一切发展会把我们引向何方……

在我们讨论下一份历史之前，我们应该停下来思考一番：人类的历史，或者其他任何事物的历史的组成部分是什么？正如任何研究过历史的人可以告诉我们的那样，可以通过罗列一系列发生在不同时间、不同地点的事件，来陈述人类的历史，如法国大革命发生在法国，开始于1789年，结束于1799年；第二次世界大战于1939年开始于欧洲，1945年结束于世界上大多数地区。这种陈述历史的方式十分沉闷乏味。另一方面，人们可以用奇闻逸事、一些有关因果关系的深入分析来"修饰加工"人类的历史，说不定还可以借古讽今，甚至对未来的趋势做出可行的预测。在以上呈递的这份简史中，我只罗列了非常少的关键事件，并对这些事件发表了一些评论和观点。

我非常赞赏赫拉利在这方面做出的非凡工作。如果阅读他的书，我们会发现一些有关这段时间的历史更令人神往、更富有想象力的想法，而不仅仅是何时何地发生了何种事件的一份清单。当我们讨论某种抽象概念的历史时，我们将看到，这种历史的主要部分不是何时何地发生了何种事件的一份清单，而是有关这一抽象概念的想法、态度和解释的历史。

2.2 阿里耶·本-纳伊姆的简史

我从我的简历中抄下了这份关于我本人的"简史"。我于1934年7月11日生于耶路撒冷，远在以色列国诞生之前。图2.1是婴儿阿里耶，当时三个月大，摄于耶路撒冷。

我的小学生活丰富多彩，不断地从一所学校转入另一所。我也曾在无数的日子里活跃在课堂外的街道上。每过一阵子，我的哥哥和我就去访问学校。我说"访问"，是因为我们只会在学校里待上几个小时，然后被人赶出校门，具体原因就不提了。

我的母亲别无他法，只好继续锲而不舍地送我们进学校，除

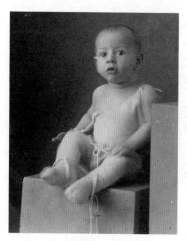 

图 2.1 婴儿阿里耶，三个月

此之外她还做了一件不可思议的事情。她曾让我们在一所只收女孩的学校里注册。是的，你没看错！结果我们去"访问"了一所女校，还全身披挂着女孩的制服在课堂里上课。我不记得学校领导在多久之后"发现"了我们到底是什么人，我们终究还是被开除了，所以把我们赶出来的一长串学校名单中，这所女校也"榜上有名"了。

我的受诫礼恰好在以色列独立战争之前（图 2.2）。

我于 1949 年上中学，实际上，当时我没有什么正规的教育背景。所以头两年的中学生活对我来说非常艰难，不过我的老师们应该更难。直到第三年，我才决定要掌握自己的命运——我决心努力学习。为了追回在课堂外荒废的这些年，我晚上一直学习到半夜。我的这一切努力得到了回报，最后我以优异的成绩从中学毕业。我的数学成绩尤其突出，数学也成了我一生中最喜爱的科目。

一出中学校门我便加入了军队，履行以色列国对中学毕业生的强制服兵役义务。我想成为飞行员，所以我决定参加以色列空军。当时教导我们的是英国教官，到现在我还记得汉密尔顿先生（Mr. Hamilton）和邦德先生（Mr. Bond），他们分别是我在初级与高级航校中的教官。回顾过去，很可能1953至1955年是我最紧张但又最幸福的时光。1955年

图2.2　我在犹太受诫礼上

5月5日，也就是希伯来历①的第五日，下午5时55分（我和我的航校同期学员记得这温馨的一刻，并称之为5.5.55），我从备受赞美却又饱受争议的传奇人物，时任以色列武装部队总参谋长摩西·达扬（Moshe Dayan）手中接受了飞翼飞行员证章。这是我永生难忘的辉煌的一天（图2.3）。

从航校毕业后不久，我便开始了在作战训练单位（OTU）中的生涯。我驾驶的是一架英国制造的单座战斗机——喷火式战斗机，那是英国皇家空军（Royal Air Force）在"二战"中使用

① 希伯来历，又称为犹太历，是以色列国目前使用的古老历法，是一种阴阳合历。每月以月相为准，以日落为一天的开始，但设置闰月，使每年和太阳周期一致。以每年秋分后的第一个新月为一年的开始，设置闰月和中国农历一样，每19年7闰，但闰月统一放到闰年的第六个月之后。全世界的犹太教徒都依据希伯来历计算犹太教（Judaism）的节日。——译者注

时间：1955年5月5日，下午5时55分

图2.3 从摩西·达扬手中接受飞翼飞行员证章

的战机（图2.4）。在这期间，我遭遇了一生中最恐怖的经历。当我从空中接近跑道准备降落时，一位飞行员驾驶着飞机，好像不知从哪里进入了这条跑道并准备起飞。我听到了控制塔刺耳的声音，有人用这样的语句命令我："躲开！躲开！躲开！"我推动操

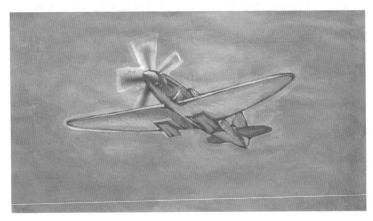

图2.4 喷火式战斗机

纵杆，试图把飞机拉起来，但这时发动机令人惊恐地失灵了。再过几秒钟我就会撞地，我敢肯定，我已经闯到了死神的门口。一部分的我正在按照指示，进行我曾演练过不知多少次的紧急迫降，而另一部分的我想的完全是我马上就要死了。飞机与地面猛烈地碰撞，机翼破碎了，那一声巨响让我一生都难以忘却。尘土漫天飞扬，就像一朵巨大的云，让我的视线模糊，接着如同阵雨般落到我身上。然后是一片寂静，简直如同无声的惊雷那样具有震慑力。我全身都麻木了，搞不清自己是死是活，也不知道四肢是否健全。最后，我慢慢恢复了知觉，搞清了状况：我还活着！具有讽刺意味的是，在附近集体农场①的一块玉米地里，我成功完成了一次机腹着陆。就在我考虑下一步该干什么时，我看到了埃泽尔·魏茨曼（Ezer Weizman），他是当时的基地司令，后来是以色列国的第七任总统。他正疯狂地向我跑过来，他以为会看到我毫无生气的尸体，但我居然还活蹦乱跳的。看到我还有模有样地活着，他简直无法相信自己的眼睛。

这次事件决定了我之后的命运。我确信，驾驶飞机不是我的终生职业，之后就没有继续在 OTU 里接受训练了。我被调到了导航员学校，负责驾驶老式的双引擎飞机。大约过了一年，我从军队中退役。

1957 年，我开始在希伯来大学学化学。这并不是因为我喜欢化学，而是因为我的化学老师阿夫纳·特雷宁（Avner Treinin）说服了我，所以才学了这门课程，而没有去学我最喜欢的数学。

头两年的化学课程和实验室实验让我感到枯燥无味。后来我

---

① 或译为基布兹，是以色列很有特色的一种公社式组织形式，过去主要从事农业生产，现在则从事工业和高科技产业。——译者注

决定集中精力学习物理和化学，接着又专注于统计热力学，这才把我从乏味的酷刑中解救了出来。

我结婚的时候是化学系的一年级大学生。

我的硕士研究课题是惰性气体水溶液的热力学特性，这主要是一个实验课题。我试图开发一种方法去测量氩气在水中的溶解度，但没有成功。我在读博期间继续研究测量方法。我的导师是沙洛姆·贝尔（Shalom Baer）。

我坚韧不拔的努力终于得到了回报，1964年，我解决了这个问题。我开发了一种测量氩气在水中的溶解度的准确方法（图2.5）。直到今天，我仍为这一成就感到骄傲。

博士快要毕业时，我专注于解决两个问题：水的结构和氩气的水溶液的熵。这两个课题都非常困难。我学术生涯的很大一部

图2.5 我为测量气体在水中的溶解度建立的实验装置

图2.6　我的博士讲座，1964年

分时间都在研究和理解水的结构，以及惰性气体水溶液中大得异乎寻常的负熵。1964年我做了博士讲座（图2.6）。

在攻读博士期间，我还学习了一些我最喜欢的数学课程：代数、几何、概率论、函数分析和许多其他课程。这些数学知识也对我在液体与水溶液理论的理论性问题研究上有所帮助。

1965年，我在美国石溪大学（Stony Brook University）[①]开始博士后工作。我不是很喜欢这项工作，所以做了一年便离开了这所大学，前往位于新泽西州默里希尔的贝尔电话实验室（Bell Telephone Laboratories）工作。在这里，我开展了液态水理论方面的工作，我一生大部分的研究时间都用在这个课题上。

我于1969年回希伯来大学担任高级讲师。在一次有关水的

---

①　即纽约州立大学石溪分校。——译者注

戈登研究会议（Gordon conference）上，当时普莱纽姆出版社
（Plenum Press）的总裁找到了我，与我商讨撰写一部有关水的理
论的书籍。我百感交集，震惊、紧张又受宠若惊。我对他的提议
感到吃惊，问他为什么单单找到了我，因为我当时只不过是一个
刚刚做完博士后工作、不算很有经验的研究人员。他的回答让我
信心大增。他说他征求了好几个人的意见，他们都推荐我做这份
工作。

我花费三年左右写这本书，这期间我在教学工作、写书和做
研究之中忙得团团转。

这是我的第一本书，于1974年出版。两年后我得知了疏水
相互作用——简单的溶质在水中发生的神秘的强相互作用。因
为我算是惰性气体水溶液理论的业内"专家"，所以人们请我就
此撰写一篇综述文章。我曾几次遇到沃尔特·考兹曼（Walter
Kauzmann，美国著名物理化学家与生物化学家），他鼓励我撰写
这部有关水的书籍，并向我提起了他有关所谓疏水效应的想法。

人们猜测，疏水效应可以解释蛋白质的稳定性。实际上至
少存在两种不同的疏水效应：溶解与相互反应（图2.7）。考兹曼
的想法是，蛋白质的一个惰性基倾向于避开水，因此会进入蛋
白质内部。与此类似，当在气相或者任何液体中时，两个简单
的非极性溶质的相互作用较弱，但当同样的溶质在水中时，这
一分子间的相互作用变强。我对这一问题十分着迷（图2.8），差
不多研究了15年，并于1980年写了一本题为《疏水相互作用》
（*Hydrophobic Interactions*）的书，由普莱纽姆出版社出版。

疏水效应的神秘之处主要在于：

为什么在水中，两个像氩这样简单的、惰性的、无害的原子

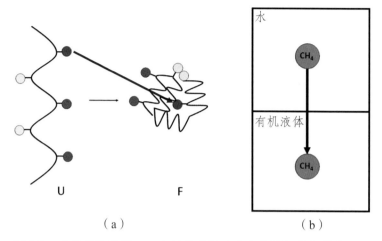

（a）   （b）

图2.7 考兹曼的猜想：一个极性基团（蓝色的圆）从接触水，发展到转移进入蛋白质内部（a）；这一过程的模型，是通过非极性溶质从水中向一种有机液体（b）转移。

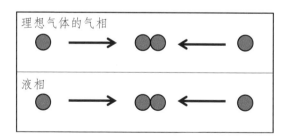

图2.8 疏水相互作用。两个非极性分子从相距无穷远的空间被带到近距离之内，其中一个是在理想气体的气相中，而另一个是在液相（水）中。相互作用的强度差别是疏水相互作用的度量。

会强烈地相互吸引，而且强度远远超过在任何已知的其他液体中的情况？

考兹曼猜测，这些相互作用或许能够解释蛋白质的稳定性。人们后来推广了这种想法，用以解释蛋白质的快速折叠。当蛋白质合成时，它的结构看上去是一个氨基酸序列，很像一条线性的珠子。蛋白质是怎样"知道"应该如何折叠成某种非常特定的三维结构，并且折叠得非常快的呢？包括我在内的大部分人相信，疏水效应负责引领这一过程，并得到结论，认为在生化系统和一般的生命现象中，这一效应能发挥最重要的作用。

令人吃惊的是，许多科学家在他们的整个职业生涯中学习、教授和研究疏水效应，但没有对这些效应在生物学中占统治地位的基本信条提出过质疑。20世纪80年代后期，我在马里兰州克洛维尔市的美国国家卫生研究院（NIH）工作了一年，其间我完整地考察了水在生物过程中的作用。我非常吃惊地发现，除此之外还有其他的效应，我称之为亲水性效应，它们或许在生物系统中更为重要。

人们很难接受这样革命性的想法。许多科学家的头脑固化在疏水效应的想法上，他们或者拒绝接受或者无法理解亲水性效应。说服生物化学界接受亲水性效应重大意义的斗争还远没有结束。

我曾在西班牙的布尔戈斯（Burgos）逗留两年，其间我阅读了许多有关熵和第二定律的科普书籍。这些书的大部分作者声称，熵的概念是科学中最神秘的。我对这种信念无法苟同。2007年，我出版了《熵的神秘国度》[①]，我试图在书中去除环绕熵的神秘光

---

① 2013年台湾出版繁体中文版译为此名。大陆地区尚未引进。——译者注

环。这本书的历史我将在 2.3 节中叙述。此后,我以熵与第二定律为主题,又出版了另外三本书。

之后我继续研究水和水溶液,并在 2009 年和 2011 年分别就这两个主题出版了两本书。

自从 2003 年退休以来,我花了大量时间阅读了各种科学题材的科普书籍。这些书中有一本是霍金于 1988 年创作的《时间简史》。我发现这本书并不是很对我胃口。2005 年,这本书的新版(与慕洛迪诺夫合作)以《时间更简史》为题出版。尽管新版在原版基础上有所改进,但我还是不太喜欢这本书。

2015 年初,我决定撰写一部新书,题为《时间的起点》,也就是现在这本书。

继续往下叙述之前,我们先暂停一下,从头看一遍"阿里耶·本-纳伊姆的简史",做几条笔记,看看这一节在多大程度上是一份真实的历史,而在多大程度上不是。

2.3 《熵的神秘国度》简史

这里是另一本史上第一次有人撰写的东西的历史。与 2.2 节的情况一样,我对这一历史享有特权,我比任何其他人都知道得更清楚。

在西班牙的布尔戈斯的时候,我萌生了撰写《熵的神秘国度》这部书的想法。我阅读了许多科普作品,其中有些涉及熵的概念和第二定律。我不喜欢我读到的这些书,尤其不喜欢作者们认为"熵是物理学中最神秘的概念"这种说法。例如,格林(Greene)在 2004 年写道:

在人们未能完全解释的普遍经验的特点中，其中有一个开发了现代物理学中最深刻的未解之谜，这就是英国大物理学家亚瑟·爱丁顿爵士（Sir Arthur Eddington）所说的时间箭头。

我觉得我能够用简单的语言解释熵的概念，驱散环绕着它的神秘之雾。这就是"Entropy Demystified"这个书名的由来。实际上，我的写作几易其稿，在西班牙的布戈尔斯开始，在加州的拉霍亚完成。这一段属于这本书的萌芽期，真正的《熵的神秘国度》的历史始于2007年7月。我不知道它究竟是什么时候在新加坡印刷的——那段时间我并没有去过新加坡。我于2007年7月收到了这本书的第一本印刷品（图2.9）。几年后，这本书被翻译成意大利文、日文和中文。我非常喜欢这本书的封面和封底设计。我用手指抚摸这本书的外皮，感觉很光滑、很舒服，我很享受这种感觉，现在也一样。最重要的是，当我阅读这本书的某一部分

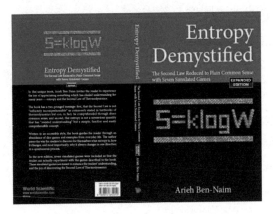

图2.9 《熵的神秘国度》的原版封面与封底

时，我简直不敢相信这是我写的。对于我这样一个母语不是英语，而且孩童时代的学校教育背景相当糟糕的人来说，我觉得我值得表扬。但实际上，书中良好的英语表达应该归功于我的妻子鲁比。

我送了几本给我的朋友和同事，他们看过之后给我提了宝贵的评论。

2007年10月，迭戈·卡萨代（Diego Casadei）给我发来了他就这部书写的一份评论的单行本。我对其中的内容感到狂喜与骄傲。

就在这部书刚刚出版之后，我的儿子尤瓦尔（Yuval）编了7款模拟游戏，帮助读者理解书中描述的"实验"。2008年，这本书出版了一个扩充版本。2012年出版了修订版木，订正了初版的几处错误。

这些年来，这本书的销路稳定，它没有卖出上百万本，实际销量四千多本。让我更高兴的是，我收到了来自读者的几百封电邮，发件者包括科学家和非科学家，其中说到了他们多么喜欢这本书。有些电邮非常简单，只有"感谢你写了这本书"一句话，却让人心中非常温暖。从读者那里得到非常正面的肯定激发了我继续写书的热情，这是我退休前从未体会过的奢侈享受。

有关这本书的大多数评论都是肯定的，有些很简单，有些篇幅不小。我甚至与几位读者交上了朋友，还和一些人见过面。我向来非常享受阅读评论的感觉。

但是，俗话说得好，众口难调，你没法让人人都满意。在亚马逊网站上有一条恶意评论，这促使我在亚马逊网站和我那时出版的一本书，即于2011年出版的《熵和第二定律》（*Entropy and the Second Law*）的页面上做出了回应。

我于2008年参加了几次会议，有人在其中的一次会议上告诉我，这本书可以从互联网上免费下载。我的第一个反应是，这种行为会影响书的销路。然而，回头想想，我也为听到这个"新闻"而高兴。首先是因为，有人觉得这本书很有意思，值得让他们花费精力上传到互联网上；第二，我相信，大部分免费下载这本书的人可能没有足够的钱买实体书。所以，我应该为那些有机会阅读这本书的人感到高兴，同时希望他们为阅读这本书而感到高兴。

今天，距离这本书第一次出版那天已经快8年了，但我还是会收到来自全世界读者们的电子邮件。阅读这些邮件总是让我心中感到温暖。对我来说，这要比卖书获取金钱重要得多，也让人欢喜得多。的确，有时候，有些东西是金钱买不到的。我很高兴能写书，并且希望这能对破解熵的概念和第二定律的谜团做出贡献。

在开始下一份历史之前，我在这里建议各位读者重读这一节，做一点笔记，看看在我写的这些东西中，有多少与《熵的神秘国度》这本书的历史相关，又有多少与这本书的历史无关。

2.4　我的书写工具简史

我现在握在手里的这支笔（图2.10）是一种媒介，它可以让我的思维与想法从我的头脑中传到我的手上，最后传到纸上；它或许是最近几年的某时诞生在中国的一家工厂里。我对它的制造过程一无所知，也不知道究竟在哪一刻，人们组合了哪些原材料

图2.10 笔，它的历史见2.4节

让它诞生，接着又被人注入油墨，让它能够书写。它或许是在2014年进口到以色列来的，之前曾在海上航行数月，躺在货箱里，任由波涛催它入睡。它一路奔波来到以色列的港口，然后来到了希伯来大学校园里一家名叫阿卡德蒙（Academon）的商店。我有一天走进这家商店，将这支笔买了下来。那是2015年4月的一天。我刚把它买下来，它就派上了大用场。

我喜欢这支笔的圆珠笔芯光滑游动的感觉，我写字时，它仿佛轻轻抚过纸面，这时我的思维从头脑中转到手上，然后来到这支不起眼的笔上，而它把我的思维转变成了文字。我喜欢它透明的笔壳，它能让我看到里面还剩下多少油墨。我每天都会这样坚持不懈地写下去，像以前写作一样奔放、充满热情。没过几天，笔里的油墨就用完了。我会把它扔掉，有人会在垃圾站里将垃圾分类，把可回收利用的与无法回收利用的东西分开。这支笔是塑料做的，它很可能会被回收利用。到了那时，它的"历史"便结束了。

我不是什么算命先生，所以我说不出这支笔会在什么时候咽下最后一口气。我现在很依恋它，甚至不愿意想象它会如何遭遇凄惨的结局。我希望它会被回收利用。这样，它的历史会在垃圾焚化炉的火舌哗哗啵啵地吞噬它的身体之前结束。

现在请你阅读2.3节的最后一句话，并像我在那里建议的那样处理本节。

2.5　美之简史

我们在前面几节中叙述了一些物品的历史。所有这些历史都可以表现为一系列发生在空间内某些点和时间上某些点的事件。

当考虑叙述某种抽象概念的历史时，我们面临着严重的困难。我们难道能够通过罗列美所经历的一系列事件来叙述它的历史吗？难道美是在某个时间点上的某个地方被创造（或者说"被生下来"，或者说被人展现）的吗？

当人们说到美的历史，或者任何抽象概念的历史时，他们通常指的是有关这种概念或者对于这种概念的想法、观点、态度等的历史。但这指的是什么呢？毫无疑问，对于美，不同的文化有不同的看法，这些态度随着时间在不同的地方发展、进化。即使是这类历史也没有一刀切的起点，当然我们也不清楚，它是否会有终点。古时候，国王与王后和他们的装饰品葬在一起，有时候有些倒霉的奴隶还要陪葬，像埃及的法老就由他们的奴隶陪葬。这样做是因为人们有一种信念，认为这些奴隶可以在主人的来生继续伺候他们。这些国王和王后也戴着护身符，他们相信这些护身符可以加强他们复活时和在下一世中的力量。在希腊神话中，阿佛洛狄忒（Aphrodite）是爱、美与生育的女神。在罗马神话中，维纳斯（Venus）是爱、性、美和生育的女神。

在许多例子中，《圣经》把一些人描绘为美丽的——其中将拉结①（Rachel）描绘为"身材优美，面目姣好"，将她的儿子约瑟夫（Joseph）描绘为"体格匀称，面貌英俊"，大卫王（King David）是"面色红润、眼睛明亮，英姿飒爽"。很有意思的是，我们可以注意到，《箴言书》（*Book of Proverbs*）认为，美是虚荣，对一个勇敢的女人来说，睿智与良好的品行是必备条件，美不在其列。人们当然都很清楚，美的观念随文化各异，而且在同一个文化中也随着时代变化而有所不同。所有这些有趣的事实都无法被人视为美的历史的一部分。换言之，我们可以说，美并没有什么历史。简言之，美是一个永恒的概念。

2.6　一个数学定理的简史

为了具体说明，我们来考虑一下几何中的毕达哥拉斯（Pythagorean）定理。这个定理声称，在一个直角三角形中，以斜边为边的正方形的面积，等于分别以两条直角边（图2.11）为边的正方形的面积之和。（我在这一节中只引用欧几里得几何中的定理。）这一定理是人们第一次叙述的时候"诞生"的，或者是在毕达哥拉斯证明它的时候诞生的？或者，它是否有可能在毕达哥拉斯之前便已经为人所知，只是从来没有人把它表达出来或者证明出来？无论证明定理或者宣布定理或者发表定理，我们都不能将之视为毕达哥拉斯定理的历史。我们在这里接触了一个人们长期以来争论不休的问题：数学定理是人们"发明"的？还是他们"发现"的？

---

① 据旧约《圣经》记载，她是以色列人祖先雅各布的两个妻子之一。——译者注

　　当然，我们感觉，它在毕达哥拉斯讨论这个定理之前很久便已经存在。事实上，说这个定理在任何特定的时间点或者特定的地点成形，或者诞生，或者被创造，或者出现，这种说法是人们无法接受的。同样，说这个定理将死亡，或者消失，或者被摧毁，也是人们无法接受的。毕达哥拉斯定理的有效性超越了时间

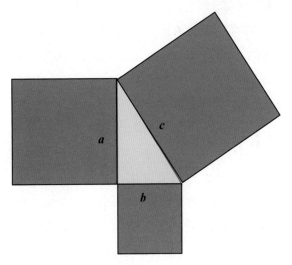

图2.11（a）　毕达哥拉斯定理

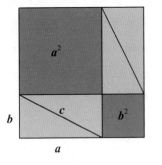 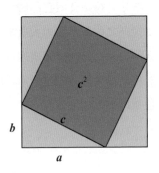

图2.11（b）　视觉证明

或者空间的限制；它甚至独立于人类而存在。简言之，我们可以说这个定理是永存的，也就是说它没有历史。对于任何几何定理，这样说都是成立的，它们的真实性独立于人类的存在。质数的数量是无穷的，这项定理必定也有同样的情况。难道说，在很久很久以前有这样一个时候，那时只有有限数量的质数，接着有一个新定理"诞生"了，声称质数的数量是无限的？类似地，称 $\sqrt{2}$ 是个无理数，这个定理也没有历史。我们不可能说，在很久很久以前，$\sqrt{2}$ 是个有理数，然后突然有一天，它变成了无理数……或许在某些抽象空间（希尔伯特空间或者巴纳赫空间）中，有些数学定理是由数学家发明出来的，因此人们可以说，它们是在某个时间点上，由于某位数学家的工作，而在空间的某个地方开始了生命。

请注意，希尔伯特空间并不是一个"空间"，而是一个具有某些性质的所有函数的集合。数学家们喜欢用"空间"这个词为某些对象的集合命名，所有这些对象都是通过某些规则定义的。希尔伯特空间是人类的创造或者发明。很难说一个在希尔伯特空间中得到了证明的定理是一直存在着的，尽管我们可以轻松地说，几何中的毕达哥拉斯定理是一直存在着的。换言之，如果世界上从来没有人类，一个希尔伯特空间也从来没有得到定义，能不能有人声称：一个在希尔伯特空间中的定理是一直存在的呢？

类似地，世上存在一个叫作"复分析"（或称复变函数论）的数学分支，它处理的是带有虚数单位 $i = \sqrt{-1}$ 的复数。这个数字不是实数；没有任何一个实数 x，它的平方（x^2）会是某个负数，如 –1。这里我们又可以说，复分析中任何定理的生命是从它被证明的那一刻开始的。但如果那个定理是正确的，则很难声称这样一个定理的生命会在哪一天终止（或者说死亡）。涉及虚数单位 $i=\sqrt{-1}$ 的最令人吃惊的恒等式是欧拉（Euler）恒等式，它是欧拉公式[2]的一个特例：

$$e^{i\pi} + 1 = 0$$

这是一个非常引人注目的等式，它将 5 个常数联系在一起，它们是 e，π，i，0 和 1。其中 i 是虚数单位，e 是自然对数的底，而 π 是圆周率。尽管人们把这个公式归功于欧拉，但很有可能，实际上在欧拉把它写下来之前，它便已经为人所知。

出于本节的目的，我们是否可以问一下这个恒等式的历史？它会不会在任何人类知道它之前就已经存在？尤其是，人们可以问，提出关于一个非真实数字 i 的历史的问题是否有意义。很清楚，这个写下来的公式是有起点的，但它会有终点吗？哪怕宇宙到了末日，我仍旧坚信，这样一个优美的恒等式依旧会存活！因此，这个恒等式的整个历史最多只包括一个事件，即它的诞生。甚至这单一事件的出现时间也取决于人们的个人观点。

2.7　一个物理学定律的简史

有关一个物理学定理的历史，这里的情况与数学定理有所不同。具体地说，不妨假定我们专注于牛顿的引力定律。这个定律声称，在任何两个物体之间的引力，与每个粒子的质量成正比，与它们之间的距离的平方成反比。其中人们称，公式中的比例因数为引力常数，通常用 G 表示。

跟我们在2.6节中讨论过的数学定理的情况不同，我们在这里可以讨论牛顿的引力定律的历史，也可以讨论我们对引力理论的理解、观点和态度。

人们可以声称，以牛顿构想的形式出现的引力定律本身开始于某个时间点，也不妨说大爆炸期间，它与所有的物理学定律同时"诞生"，或者开始起作用。人们也可以讨论这个定律本身的历史。例如，引力常数或许不是一个绝对不变的常数。它或许会随时间有所改变。但引力常数的这些变化可能微乎其微，比如说每10亿年只改变百分之一的10亿分之一，这样的变化我们根本无法检测。但如果确实发生了这样的变化，那么就适合讨论牛顿引力定律的历史了。情况也可能是，随时间有所改变的不仅仅是引力常数，就连引力与质量和距离之间的依赖方式也可能有所改变。定律的这种改变也可以说是引力定律的历史的一部分。

最后，从原则上说，宇宙在某个时间点上收缩成一个点是可能的，人们称这种现象为大收缩，而到了那时，所有的物理学定律，包括牛顿的引力定律，都将不再起作用。我们可以说，这就是牛顿的引力定律的历史的结束。

所以，尽管我们不知道有关牛顿引力定律的历史的任何情况，但从原则上说，这样一个历史还是可以存在的。

应该强调的一点是，我们讨论的是牛顿的引力定律，而不是由爱因斯坦发展的引力理论的推广。这个推广属于引力理论的历史，而不是牛顿引力定律的历史。

在现代宇宙学中，人们猜测，宇宙起源于大爆炸，终结于大收缩。即使这样的事件具有真实性，我们也不清楚，宇宙的诞生（和死亡）是否等同于空间与时间的诞生（和死亡）。请参阅第3

章与第4章。美是从大爆炸开始的吗？数学定理和物理定律是在大爆炸中诞生的吗？

这些问题让我想起了一个故事，是很久以前我在一堂微积分课上听到的。

一位著名的法国数学家证明了一项不同寻常的定理。这项定理说，如果一个函数有a、b、c三种性质，则它必定也有性质d。这个定理的证明非同小可，这让许多数学家欢呼雀跃，称它为最优雅、最深刻、最富于潜在使用价值的定理。没有任何人在证明中发现任何错误，它的有效性不容置疑。

一天，一位年轻的大学生想要使用这个定理，来证明人们在数学的另一个分支中发现的一个定理，而让他大为震惊的是，尽管有那位法国数学家发表的那项定理，但没有任何一项函数具有他假定的a、b、c三种性质。

那位大学生得出的结论是，这项定理确实是准确的。然而，如果不存在这项定理可以应用的任何函数，则人们可以说这一定理是空洞的或者虚妄的。

宇宙学家们告诉我们，物理学定律始于大爆炸，而在大爆炸之前只有虚无。但如果虚无是"存在着"的，那它是依照哪些物理学定律运行的呢？是空洞定律或者虚无定律吗？

2.8 进化论简史

在讲述进化论的历史之前，我们必须先在此澄清：这里指的是达尔文（Darwin）的进化论，而不是任何其他进化机制，不是有关进化的任何其他理论的历史，也不是关于进化本身。事实上，在处理进化论时，我们将之等同于任何自然定律。

达尔文意义上的进化或许开始于分子复制 —— 这些分子发生随机突变的时刻。因此，进化的诞生并不一定等同于生物学的诞生，或者生命在我们这颗行星上或者宇宙的任何地点的诞生。很难准确地确定化学进化转为生物进化的时间和地点。普罗斯（Pross）在他 2012 年出版的著作中，非常详细地讨论了进化这个问题，本 – 纳伊姆也在他于 2015 年出版的著作中对此有所评论。请注意这一点，即迄今为止，我们讨论的还只是进化，而不是进化论，后者关注的是进化的机制。无论人们接受与否，进化本身的理论是不随时间改变的，它是永恒的。

当然，在进化的过程中，新分子被创造出来，新的物种进化了，但进化论本身并没有改变。有关进化的历史，我们必须考虑的第二个事件或许是它的消亡。它最终会不会停止运转？或许会，或许不会。或许整个宇宙将达到热平衡状态，那时候，讨论宇宙上的生命的进化将是一件毫无意义的事情。无论进化的命运如何，进化论永远不会完结，它是永恒的。这和我们讨论数学定理或者物理学定律时得到的结论一样。进化不会在一个没有化学或者生物学的世界上进行，但进化论是独立于分子或者动物而存在的。

空间最简史

我们全都熟悉我们生活的这个三维空间。没有必要用其他更基本的概念来定义这个三维空间。空间是一个抽象概念；我们无法看到或触摸它，或者用我们的任何感官感觉它。另一方面，空间是一个非常真实的地方，是我们能够看到与触摸的一切事物所在的场所。三维空间的历史是什么？有些物理学家会告诉你，空间"诞生"或始于大爆炸。那个时候，时间也被创造了出来。但空间诞生在什么地方？如果我们要建立空间的历史，就必须罗列一系列事件，通过这些事件，空间在某些时间点和空间点上出现。但我们正在讨论空间这个概念本身的历史，而不是空间的某些特定的地点。如果我们要登记空间诞生的地点，那么我们必须假定有一个超空间，可以记为S-空间，我们可以在它上面记录空间的历史。图3.1以图解的形式说明了我们在上面登记几个事件的S-空间，我们把这些事件视为空间的历史。

是否还有属于空间的历史的其他事件？或许有。空间的膨胀可以被认为是它的历史的一部分。如同人们推测的那样，或许还有它在大收缩中的最终死亡。还有任何其他事件吗？大家还有

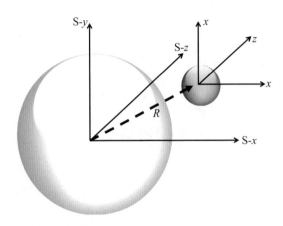

图 3.1 空间与 S- 空间

什么建议？关于空间的历史，现在我们没有多少可说的。但请注意，如果空间曾经是绝对的，而且曾在某一个时间点上变成相对的，那么我们可以把这些事件视为真正空间的历史的一部分。然而情况并非如此。空间并没有从绝对变成相对；而是我们人类，改变了有关空间的观点。

有些物理学家会告诉你，"空间是在哪里被创造或者诞生的"这个问题毫无意义，因为空间在大爆炸之前并不存在。我认为，说"空间在哪里诞生这个问题毫无意义"，这种说法才是毫无意义的。有人说，在大爆炸之前空间不存在；我甚至无法想象，这种说法是什么意思。有关"大爆炸之前的时间"这个问题，请参阅第 4 章和第 6 章。

时间最简史

　　很久很久以前，时间诞生了。谁也不知道它诞生在哪一刻，因为时间在那时还不存在。当然，我们无法准确地说出它的诞生年月日。物理学家们相信，这一事件发生在大约137亿年前，但请大家注意，当时并不存在日期、月份和年份。紧随这个"大事件"之后，没有任何事件发生在时间身上。时间没有对任何事物做过任何事情，它没有去上学，没有被人从学校里撵出来，没有结婚，从来没有在空间中旅行，没有经历过艰难困苦或者悲惨时刻……同样，也没有任何别的事物对时间做过任何事情。据我所知（而且我觉得这也是据一切科学家所知），没有任何事件曾在任何时间点与空间点上，发生在时间身上。请注意，如果时间曾经是绝对的，而在某个时间点上变成相对的了，那时我们就可以把这一事件真正视为时间历史的一部分。但情况并非如此。时间并没有从绝对的变成相对的；而是我们人类，改变了我们有关时间的观点。[3]

　　在结束时间的历史之前，我们或许应该说到，在某一天日落之后，时间或许会"消失"，或者走向终止。但这一事件发生的准确时间我们说不上来，这一事件究竟会不会发生也同样难以预料。所以，我们唯一可以承认确实是时间的历史事件的，就是它的诞生。而且，这一事件也是推测出来的。

我们在这里结束了时间的历史。与《简史》和《更简史》相比，这是一部"最简史"，但它也是时间最长的历史。很可能，时间根本就没有什么历史，如果确实如此，则时间是永恒的！

实际上，大部分研究时间的历史的宇宙学家讨论的是有关"时间的想法、有关时间的理论，等等"的历史。我们将在这部书后面的章节中讨论这种想法。

正如我们已经在第3章中注意到的那样，人们把大爆炸与时间的开始联系在一起，并声称，想要知道大爆炸之前发生了些什么，这种问题毫无意义。

让我们回忆一下，关于任何事物 X 的历史，我们可以问，在 X 诞生之前（或者被创造出来之前，或者开始之前）发生了什么。只是当 X 是时间的时候，我们接到了封口令，不得提出在时间之前发生了些什么。我认为，在大爆炸之前发生了什么，这个问题是有意义的，而且，在大收缩（不妨假定这些事件确有几分真实性）之后会发生什么，这个问题也是有意义的。换言之，我认为，声称"大爆炸之前有些什么，这个问题毫无意义"，这种说法毫无意义。

当在第3章中讨论空间的历史时，我们曾提出了下面的问题：空间是在空间的哪一个特定点上被创造出来的？类似地，当我们现在讨论时间的历史时，我们完全有理由问：时间是在时间的哪一个特定点上诞生的（或者被创造出来的，或者开始的，等等）？如果不去理会时间诞生的空间点这个问题，那么很清楚，时间是在哪个时间点上诞生，这个问题无法在与我们叙述的历史的同一个时间轴上登记在案。或许，时间的诞生时间，以及其他时间经历过的事件，都应该在一个不同的时间轴上登记，我们或许应该将其称为S-时间（见1.2节）。

时间的历史

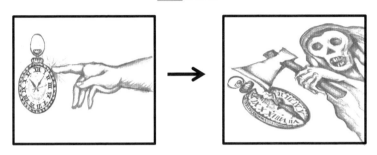

图4.1　时间的诞生……以及……时间的死亡

/ 5 /

熵和热力学第二定律

我们将在这一章中给出熵和热力学第二定律的定义。这一章不是熵的历史，也不是有关熵这个概念的想法的历史。我们将仅仅专注于最简单的信息干货，用以帮助那些想要理解为什么许多科普书籍会把熵和第二定律与所谓的时间箭头联系在一起的外行。我们也很快就会看到，时间箭头这种想法仅仅存在于我们的头脑之中。熵并不是时间的函数，而第二定律跟时间箭头也毫无关系。事实上，有关熵和第二定律的内容不应该出现在以时间为主题的书中。而我把这一章带了进来，因为几乎每一个书写有关时间的书的人，也书写了熵和时间箭头之间的明显关系（见第6章）。

我们从有关熵的几个简短的历史要点开始。然后我们将介绍香农的信息度量（SMI），它在理解熵的概念这个问题上至关重要。接着我们将讲述熵是如何从SMI中出现的——这简直就是一个奇迹。SMI是在信息论中定义的，而熵的定义与热机有关。这两个领域之间毫无共同之处。然而，我们最后发现，熵原来是SMI的一个特例。

一旦完成了有关熵的叙述（我希望你那时已经很好地理解了熵的意义），我们就将转而讨论第二定律。要做到这一点，我们首先要考虑一些SMI随时间变化的例子。然后，我们便会向大家说明，在一个孤立系统内，热力学系统的SMI是怎样在自发过程中改变的。结果证明，在平衡状态下，SMI的数值达到最大值，而这一数值与熵在那个系统中的数值成正比。我们将清楚地看到，熵不是时间的函数。这与大部分人对熵的想法全然不同，他们中有些人甚至将熵等同于时间箭头。

5.1　一些历史要点

"熵"这个术语是克劳修斯在1865年创造的。我们可以把这一天视为熵这个概念的诞生日〔我们应该区分熵的概念的诞生和有些科学家说的熵的起源；后者在Ben-Naim（2015）中有所讨论〕。跟其他许多人一样，克劳修斯也注意到，许多自发过程总是向一个方向发展。例如：

1. 在去掉两间小室之间的隔板之后，气体的体积从V增加到$2V$（图5.1a）。

2. 两种气体的混合（图5.1b）。

3. 热量从热的物体向冷的物体上转移（图5.1c）。

我们从来没有见过这三种过程的反向运行。在图5.1a中，占据了右边整个容器的气体不会自发地（即没有来自系统外的任何干预）凝聚，只占据容器的一半。在图5.1b右边，两种混合在一起的气体永远不会自动分离，变成两种纯气体。热量从来不会自发地从温度较低（或者相等）的物体身上转移给温度较高的（或

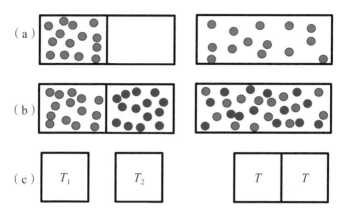

图 5.1　三种自发过程：（a）被限制在一个较小体积内的气体总是倾向于膨胀，占据较大的体积；（b）在去掉隔板之后，两种气体混合；（c）热量将从较热的物体流向较冷的物体

相等的）物体。

我们还观察到了许多其他朝一个方向进行的过程。因此便出现了下面的问题：这些现象中是否有某种共同来源？所有这些现象发生的方向是不是由某种普遍定律支配的呢？或者说，每一种现象都是不同定律的结果，或者根本就没什么定律？

克劳修斯引进了熵的概念，他最著名的语录是：

> 宇宙的能量是守恒的；
> 宇宙的熵总是在增加。

他的另一个语录差不多同样著名，其中解释了他如何选择了"熵"这个词：

我更愿意在古代的语言中为重要的科学量挑选名字，这样它们就可以在所有人的口中表示同样的意思。因此我提议，按照希腊词的"转化（*transformation*）"，称 S 为一个物体的熵。我有意杜撰了熵（*entropy*）这个词，让它与能量（*energy*）这个词相似，因为这两个物理量的物理意义很有类比性，因此在命名方面的类比似乎很有帮助。

对于克劳修斯选择"熵"这个词的论证我有几点保留。我在 Ben-Naim（2008）中讨论了这些保留意见。尽管如此，人们称颂克劳修斯用一个定律统一了所有这些现象，无可置疑克劳修斯配得上这一荣誉。他的这个定律说，存在着一种叫作熵的物理量，它是一个状态函数。这就意味着，当系统的状态可以由能量 E、体积 V、粒子数 N 确定时，熵的定义很明确。在孤立系统中，去掉限制、导致自发过程发生之后（比如去掉在图 5.1b 中两种气体之间的隔板），系统的熵将保持不变或者增加——它永远不会减

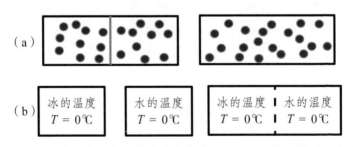

图 5.2　两个不会观察到熵的改变的过程：（a）用隔板隔开一个容器中的两个小室，其中放有同样温度、同样密度的同种气体，去掉隔板后熵不会改变；（b）将同处于温度 $T=0℃$ 和相同压强下的冰和水放到一起，系统的熵不会改变

少。图5.2显示了两个"过程"的例子，其中没有观察到系统的熵的变化。

请注意，这一特定形式的第二定律可以应用于有明确定义的系统。"有明确的定义"是针对系统的宏观状态而言的，而不是微观状态。还有以其他形式表达的第二定律〔见Ben-Naim（2008, 2011）〕。我们在这里不需要其他的形式。然而，我们应该在这里提到的是，克劳修斯关于整个宇宙的熵的陈述有错误之处。我们将在以下各节中进一步对此予以评论。

克劳修斯没有为计算一个特定系统的熵的数值给出任何方法。他仅仅定义了一个特定过程的熵的变化。当少量热量（记为dQ）被引入一个给定温度T（T为绝对温标，亦称开氏温标）的系统时，系统的熵的增加量为$dS = dQ/T$（图5.3a）。当少量热量被从一个恒温系统中移出时，系统的熵将减少，数量为$dS = -dQ/T$（图5.3b）。（我们使用dQ来代表引入系统的少量热量。我们并没有暗示dQ是函数Q的微分。）

很显然，这个计算公式只对这一特定过程有效。热力学专家们开发了独创的方法，去计算一个系统任意两个有明确定义的状

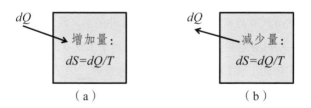

图5.3　（a）向温度为T的系统加入dQ，系统的熵的变化为$dS = dQ/T$；（b）将同样数量的热量从系统中提出，引起的熵的变化为$dS = -dQ/T$

态之间发生的熵变——"有明确的定义"指"有明确的热力学定义"。当一位母亲生产，或者当某人去世时，我们无法计算或者测量这时产生的熵的变化。

对于图5.1中显示的任何一个过程，我们都可以视为从一个有明确定义的状态向另一个有明确定义的状态的转变。前两个不涉及热量的转移，但人们可以设计一个过程，把系统从初始状态带到最终状态，并使用克劳修斯的公式（$dS = dQ/T$）计算系统的熵的变化。

就这样，通过热力学，人们可以计算两个有明确定义的状态之间发生的熵的变化。然而，人们无法确定处于有明确定义状态的特定系统的熵的绝对数值。只是在热力学第三定律的帮助下，人们才能够把绝对数值赋予一些系统的熵（处于绝对零度的系统的熵是零）。

而且，热力学无法为熵提供任何分子解释。这一事实并没有降低熵在热力学中的重要性。正如你可能知道的那样，热力学也没有为温度提供分子解释。

熵的第一个分子解释由玻尔兹曼（Boltzmann）提出，他将一个热力学系统的熵与系统的微状态的总数联系在一起。对一个所有微状态具有等概率的系统来说，这种关系是成立的（参阅下文中的一些具有这种关系的系统的简单例子）。

许多年间，人们为熵提出了许多种解释：熵是无序的测度；熵是能量分散度的测度；熵是自由度的测度，还有其他许多种解释。这些解释中没有一种被证明是正确的。在有些情况下，熵的改变与无序的程度，或者能量的分散度，或者自由度的多少相关，但这些关联都无法普遍应用。在一些科普图书中，人们或许可以找到第二定律的一些"例子",如"孩子的房间随时间推移变得越来越乱",或者"厨房往往随时间推移变得越来越不整洁"等。这些陈述都不是普遍正确的,而且即使在它们正确的时候,也和第二定律毫不相干。

我认为,理解熵的最佳方式是建立在香农的信息度量上,而且这一方式会驱散围绕着熵的一切神秘迷雾。在下面几节中,我们将给出香农的信息度量的定义,并简单叙述如何从SMI导出熵的计算值。读者可以在Ben-Naim(2008, 2011)中找到更详细的计算方法。

5.2　香农的信息度量

我们将在这一节中引入一个重要的量,它是信息论的基础。这就是香农的信息度量(SMI)。我们将以定性的方式介绍SMI,刚好足以让读者理解人们是如何通过SMI解释熵的。我们将用以下步骤逐步发展这一概念。

首先,让我们玩一个"20问题"(20Q)的简单游戏。我从 n 个可能的物品中选择其中一个,而你必须通过提出二元选项问题(即可以用"是"或者"不是"回答的问题)来找出我选的是什么。我们假定,在这个游戏中,我从 n 个物品中选择任何一个的概率全都相等,即都是 $1/n$。我们称这个游戏为一致概率游戏,或者简称一致游戏。为了让这个游戏更加准确,同时也易于向非一致游戏推广,现在让我们考虑图5.4a中所示的游戏。给你一块板子,它被均匀地分为 n 个面积相等的区域。有人告诉你,某个蒙着眼睛的人朝这个板子投掷飞镖,打在板子上的某个区域之

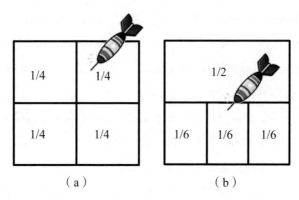

图5.4　两个游戏：（a）一致游戏；（b）非一致游戏

内。你必须通过提出二元选项问题，找出飞镖击中了板子上的哪个区域。

第二，我们推广以上描述的简单的20Q游戏，把它变得更加复杂。这里的目标概率不同。为了理解这个更为一般的游戏，考虑一块投射飞镖的目标靶板。靶板被划分为 n 个面积不相等的区域，戴眼罩的游戏者向靶板投掷飞镖。现在有人告诉你，飞镖确实击中了靶板上的一点。他们也对你说明了图 5.4b 上所有区域的相对面积。你现在的任务是，通过提出二元选项问题，找出飞镖打中了靶板的哪个区域。你应该知道，这个游戏与前一个游戏不同，因为这次"事件"不是等概率的。我们称这个游戏为非一致游戏。

在进一步叙述之前先问一个快答题。假设有人邀请你玩一次20Q游戏，并使用图5.4a或者5.4b中的靶板。每问一个问题你需要付费1美元。每当你得到飞镖打中了某个答案，你将得到20美元奖励。你会选择用哪个靶板？

现在我们进行第三步，也是最后一步。如果你理解了20Q问题，并且你能回答我上一个问题，即你更愿用图5.4a或者5.4b中的靶板，你就应该意识到，你在玩这个20Q游戏时没有关于飞镖位置的信息。通过提出二元选项问题，你可以从你每次得到的答案中得到信息，但每一条信息你都得付费。最终你将得到你需要的信息。

最后一步并没有引进对于20Q游戏的任何新推广。它只是把同一个游戏扩大了许多，比你过去玩的游戏大得多，也比图5.4a和5.4b中显示的游戏大得多。这个游戏确实很大，但没有任何新的原则性的东西。你不可能玩这个游戏，因为你的寿命不够长，没有时间问出足够多的问题，但你至少能够在想象中玩这个游戏。我们或许可以称它为10^{23}Q游戏，而不是称其为20Q游戏，但你可以肯定，如果你只是在想象玩这个游戏，你将能够理解熵——在许多人心目中，它至今还是物理学神秘概念之最。我们将在5.4节中讨论这个问题。

第一步：玩一致20Q游戏

这是一个相对容易的游戏。一只飞镖打中了被分成n个面积相等的区域的靶板。人们告诉你，飞镖由某个戴着眼罩的人掷出，而且它打中了靶板上的一个区域。你也知道，飞镖打中任何一个区域的概率都是$1/n$。这就是我们称这个游戏为一致游戏的原因。

如果$n=8$，你需要提出多少个问题才能找出飞镖的命中区域？如果你足够精明，你需要3个问题才能得知结果。该怎样问呢？

你只要把这8个区域分为两组，然后问："飞镖在右面的一组吗？"如果答案是"Yes"，你再把右面的区域分成两组，接着又问："飞镖在右面的一组吗？"以此类推。用这种方法，你将用不多不少的3个问题来找出飞镖的命中区域。人们认为，用这种方式提问是最精明的策略。你可以试一试，然后你就可以确信，如果你用任何其他策略来提问，你得到答案所需的平均问题数都要多得多。人们可以用数学方法证明，通过使用这种每次将可能区域分为两个相等部分的提问方法，他们从每个回答中可以得到的信息量是最大的。所以，你得到你需要的信息所需的问题数就是最小的。图5.5显示了当 $n=8$ 时的两种提问策略。请注意，以比

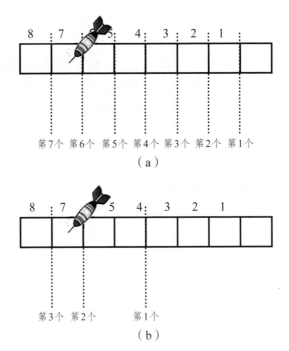

图5.5 玩20Q问题的两种策略：（a）最傻的策略和（b）最精明的策略

特（bit）为单位度量的信息量与提问的策略无关。如果你提出了精明的问题，你可以用数量最少的问题得到同样的信息。〔更多细节可参阅 Ben-Naim（2012, 2015）。〕

请注意，问题数（3）与区域数（8）之间的关系是以2为底的对数。在这种情况下：$3 = \log_2 8$（在这里，对数的底是2）。你可以自己核对一下，当 $n = 16$ 个区域时，你将需要提4个问题。$n = 32$ 时，你将需要提5个问题；而当有 $n = 2^k$ 个区域（k 是正整数）时，你需要提 k 个问题。请注意，每当我们让区域数加倍时，需要提出的（精明的）问题数便会增加1个。我们可以证明，对于任意正整数 n，我们需要问的问题的平均数目大约为 $\log_2 n \pm 1$。我们称其为"平均数目"是因为，对于任何正整数 n（比如说7），我们无法每一步都把总数刚好分为概率相等的两半。但我们可以尽可能接近这一点。例如，把七个区域分为两份，分别为四个和三个区域。对于任意正整数 n 个等概率区域来说，其普遍结果是，为了得出所需的信息，我们需要提出大约 $\log_2 n$ 个问题。这些全都对一个等概率区域的系统有效。很容易就可以证明，区域数与你需要提出的问题数 H 之间的关系式是 $H = \log_2 n \pm 1$。图5.6显示了人们需要提出的最傻的问题和最精明的问题的平均数，它们都是区域数 n 的函数。最傻的提问方式是，你按照顺序，一个接一个地问各个区域是不是飞镖的所在地点。在这里我们不需要这种方法。

第二步：玩非一致20Q游戏

我们所说的"非一致游戏"，指的是不同的事件有不同的概率。具体地说，考虑图5.7中的一个经过改动的游戏。在这里，

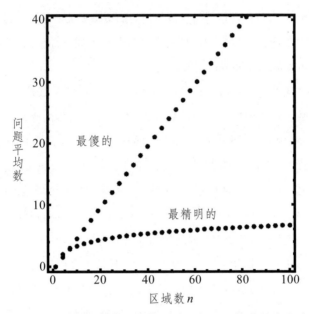

图 5.6 当使用最傻和最精明的策略时，问题平均数是与区域数 n 相关的函数

我们也把靶板分为 8 个不同的区域。但与图 5.5 所示的游戏不同，这里的飞镖命中区域的面积（从而其概率）是各不相同的。

通常，当玩客厅版的 20Q 游戏时，我们总会含蓄地假定，选择特定物品或人的正确概率为 $1/n$，此处 n 是从中选择的物品或者人的总数。

在图 5.8 所示的例子中，各个区域的面积是不相等的。这让计算问题数更加困难，然而实际上，玩这个游戏却比图 5.5 中的游戏更容易了。

人们可以用数学方法证明，为了得到所需的飞镖位置的信息，我们需要提出的精明问题的平均数目可以通过著名的香农公

式 $H = -\sum p_i \log_2 p_i$ 计算，此处 p_i 是事件 i 为正确的概率。我们将称 H 为香农的信息度量（SMI）。

我们也可以证明，上面定义的数量 H 永远小于一致分布的同一数字 n 所需的 H。根据20Q游戏，我们可以说，玩图5.7所示的游戏总是比玩图5.5所示的游戏更容易。所谓容易的意思是，平均地说，你需要提出的问题较少。

从直觉出发，这一数学结果是很明显的。如果人们提出，让你任意选玩图5.4a或者5.4b所示的两个游戏中的一个，并且你同意为每提一个问题付费1美元，对方同意在你取得正确信息之后给你 x 美元的奖赏。这时，你选择玩非一致游戏总是比较有利。你可以试着玩这两个游戏，这将让你真切地意识到，一致游戏总是需要更多的问题。这一问题的答案我们放在5.2节的结尾处。

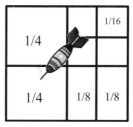

图5.7　一个非一致游戏

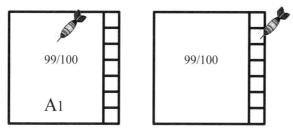

图5.8　一个极端非一致游戏

如果你还没有被说服，那你可以选图 5.8 所示的一个更极端一些的游戏。在这个游戏中，如果你知道了概率的分布，你应该问的第一个问题是："飞镖在 A1 区域内吗？"你得到答案"Yes"的机会是 99/100，而得到答案"No"的机会只有 1/100。这就意味着，如果多次玩这个游戏，大多数情况下你只需要提一个问题就能得到所需的信息。事实上，根据香农公式，你将发现，找到所需信息的平均问题数小于 1。这就意味着，甚至不需要问任何问题，你就有很大的概率知道飞镖在哪里。〔更多细节请参阅 Ben-Naim（2008）。〕

第三步：将 20Q 游戏推广到 10^{23} Q 游戏

既然我们已经对物品数和要得出结论需要提出的二元选项问题数之间的关系有了一定的了解，下面就让我们玩一个非常大，但属于同一类型的游戏。

假定在一个棱长为 d 的立方体盒子里只有一个原子，这个原子的状态可以通过它的位置和任意时刻的速度描述。令 l 为其位置，v 为其速度，用数据对（l, v）描述这个原子的状态。我们称这种状态为微观状态，用来与宏观状态相区别，后者我们用于热力学。而且这类状态的数目是无限的。所以，如果我知道这个原子的准确状态，而你需要通过提出二元选项问题找出它的位置，则你需要提出的问题的平均数目是无限的。

幸运的是，物理学中有一项不确定原理。这项原理说，你无法同时准确地确定这个原子的位置和速度，但你能确定的原子状态的"盒子大小"（Δl, Δv）有一个极限。这是一条通道，可以让我们不必考虑连续范围内无限多的位置与速度的状态，能让我

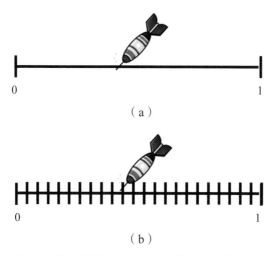

图 5.9 从（a）的连续状态到（b）离散状态的转变

们转而考虑优选数目的可能性。图 5.9 以图解方法显示了这条通道。有时候，人们称整个系统的这些微观状态为排列或者构型。

现在，如果我知道这个原子的状态，而你必须提出二元选项问题，则你需要提出的问题便是有限的了。这个游戏跟我们熟悉的 20Q 问题并没有本质上的差别。下面，我们从 1 个原子转为大量原子，不妨说 10^{23} 个原子，它们同样位于棱长为 d 的立方体盒子里。现在的问题是，要找出这个庞大数目的原子的"状态"，但并不是准确的状态，而是大致的状态，因为根据不确定原理，找出准确状态是不可能的。玩这个游戏也不困难。你需要提出二元选项问题，但数目太大了，远远超过你在有限的生命中能够问出的数量，或者你能在宇宙的整个一生中问出的数量。然而，从原则上说，在想象中玩这样一个庞大的游戏是不可行的。问题的数量是有限的，尽管大得惊人。

最后，为了考察我们关心的熵，我们需要引进物理学的另一项原理。粒子是不可分辨的。这就意味着，如果你交换两个原子的位置，你将得到同样的构型。图5.10说明了，在有3个粒子的情况下，构型数量会减少。

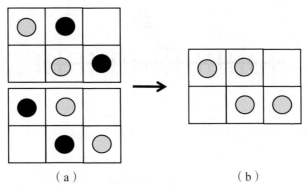

（a）   （b）

图5.10 当粒子不可分辨的时候，左侧的两个构型（a）变成了右侧的一个构型（b）

5.3 进化的20Q游戏

我们在前一节中引入了20Q游戏。SMI是为了在 n 个可能的事件或者物品中找到你要的"事件"或者物品时，你需要提出的精明问题的平均数目。很清楚的一点是，在你玩20Q问题之前，你不知道哪个物品被选中了（或者说飞镖打在靶板上的哪个地方）。所以，你需要提出二元选项问题来得到这个缺失的信息。如果你必须问更多的问题，这说明你需要更多的信息。所以，人们非常恰当地称SMI为信息度量。在所有上一节讨论的游戏中，对于特定的游戏，你需要提出的问题的平均数目是固定的。这是通过各种结果的概率分布定义的，这些结果是与特定游戏相关的事件的所有可能性的清单。

为了理解第二定律，我们需要引进另一"概率分布本身随时间变化"的游戏。因此，这个游戏中的SMI也随时间变化。

如图5.11所示，考虑一个总体积为V，但分为8个小室的系统，但所有8个弹球都放在其中一个小室中。现在，假定弹球是可以分辨的，比如它们颜色不同，或者带有其他标记。现在我们用下面的方法玩20Q游戏。我选择一个弹球，你需要通过提出二元选项问题来确定这个弹球在哪个小室里。在这个游戏以及后面的其他游戏中，你也知道在不同的小室中弹球的分布，即在每个小室中有多少个弹球。在如图5.11所示的特定游戏中，你知道所有8个弹球都在一个小室中。这就意味着，弹球的分布是（8，0，0，0，0，0，0，0）。在不同的小室中，找到我选择的那个特定弹球的概率是多大呢？

我们可以很容易地通过如下方法得到答案，即把弹球分布中的所有数字除以8。这样，这一游戏的概率分布就是（1，0，0，0，0，0，0，0）。为了找出我选择的弹球在哪个小室中，你需要问多少个问题呢？答案非常简单。你知道所有的弹球都在小室1中。因此，我选择的特定弹球在那个小室中的概率是1。换言之，你知道弹球在哪里。所以，你不需要问任何问题。在这种情况下，SMI是$H = \log_2 1 = 0$。

现在，我们在分隔小室的室壁上打上些小孔，并且开始摇晃整个系统。几分钟后，有些弹球会进入其他小室。一种在小室中可能的弹球新分布见图5.11b。在这种特定情况下，弹球的分布是（6，1，1，0，0，0，0，0），而与此对应的概率分布是（3/4，

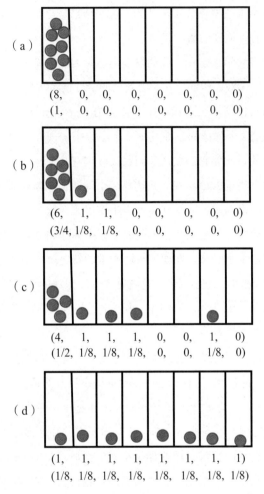

（a）

（8， 0， 0， 0， 0， 0， 0， 0）
（1， 0， 0， 0， 0， 0， 0， 0）

（b）

（6， 1， 1， 0， 0， 0， 0， 0）
（3/4， 1/8， 1/8， 0， 0， 0， 0， 0）

（c）

（4， 1， 1， 1， 0， 0， 1， 0）
（1/2， 1/8， 1/8， 1/8， 0， 0， 1/8， 0）

（d）

（1， 1， 1， 1， 1， 1， 1， 1）
（1/8， 1/8， 1/8， 1/8， 1/8， 1/8， 1/8， 1/8）

图 5.11 8个弹球在8个小室中的游戏的几种构型

1/8，1/8，0，0，0，0，0）。显然，在这个游戏中，你无法确切地知道我选择的弹球在哪里。然而，你知道它们的分布，而这一信息告诉你，弹球在小室1中的概率相对较大。弹球在小室2中的概率较小，它在小室 3 中的概率与在小室 2 中的相等。显然，这条信息可以帮助你降低提问的次数。例如，你的第一个问题不应该是"弹球在小室 6 里吗"，因为这是一个无用的问题。同样，你也不应该把所有的小室分为数量相等的两组，每组 4 个，并且问："弹球在右边这一组中的一个小室里吗？"

于是，出于直觉，你感到，提出问题的最佳策略是首先问："弹球在小室 1 里吗？"你有相对较大的概率（3/4），只问一个问题就结束游戏。如果答案是"No"，这就说明弹球必定在小室 2 或者小室 3 里。所以，再问一个问题你就能够知道弹球的位置。就这样，没有进行任何计算，你就感到，需要提出的精明问题的平均数字在 1 与 2 之间。我们这里说的是"平均"，因为我们假定这个游戏你玩了好多次。使用 SM1，我们可以计算这个特定游戏的问题平均数。〔更多细节可参阅 Ben-Naim（2008）。〕

接下来，我们继续摇晃系统。几分钟后我们发现，系统中出现了一个新的弹球分布，如图 5.11c 所示。这一次的弹球分布是（4，1，1，1，0，0，1，0），概率分布是（1/2，1/8，1/8，1/8，0，0，1/8，0）。请注意，当我们不断摇晃系统时，小室 1 中的弹球数目持续减少，弹球向整个系统散布。关于这类模拟实验的研究，见 Ben-Naim（2007）。这一点对于理解第二定律很重要，你需要把它记在心里，试图回答下面的这个问题，即使只是定性地回答也好："与图 5.11b 中的游戏相比，图 5.11c 中的游戏更难还是更容易？"在这里，更容易的问题意味着缺失的信息较少，因此我们需要问的问题也较少。

如果你想要玩这个 20Q 游戏，你将发现，平均而言，你将需要大约三个问题（第一个问题应该是"弹球在小室 1 里吗"。如果答案是"No"，你的下一个问题应该是"弹球在第二个或者第三个小室里吗"。如果答案是"Yes"，再问一个问题你就知道你要的信息了。如果答案是"No"，你还是只需要一个问题就可以得到需要的信息，也就是说，你可以发现弹球是在小室4还是小室7里，从而结束这个游戏）。根据概率分布（1/2，1/8，1/8，1/8，0，0，1/8，0），人们计算了这个游戏的SMI，它是 $H = 1 + 4 \times 1/8 \times 3 = 2.5$。SMI是2.5而不是3，其原因在于，如果你多次玩这个游戏，并且总是以"弹球在小室1吗？"作为第一个问题，你有相对高的概率（1/2）用一个问题结束游戏。然而，如果弹球不在小室1里，你将需要再问两个问题。于是问题的平均数目就将是：

$$平均数 = 0.5 \times 1 + 0.5 \times 3 = 2.5 个问题。$$

在我们迈出下一步之前，请注意，平均而言，从5.11a到5.11d，这些游戏玩起来越来越难。随着我们摇晃系统的时间越长，SMI一直在持续增加。如果你还没有确信这一点，你可以尝试玩图5.11中所示的所有游戏。

现在，我们长时间地摇晃这个系统。很明显，小室1中的弹球数目最初很高，随之将逐步降低，最终，所有的弹球都将散布在各个小室里。通常会出现的情况是，长时间之后，弹球会平均散布在8个小室里。时不时地，我们会看到某个小室里多了一两个弹球，但在大部分情况下，我们将看到图5.11d右侧显示的分布，即一致的概率分布：（1/8，1/8，1/8，1/8，1/8，1/8，1/8，1/8）。你可以很容易地计算出，在这个游戏中，你将需要提出三个问题来找出选定的弹球在哪里。

总结：我们从最容易的游戏开始（需要提出0个问题），以最困难的游戏结束（需要问三个问题）。如果我们把弹球的数目从8个增加到100个、1 000个以及更大的数目，这个最容易的游戏会倾向于变得越来越困难。不仅这个倾向会持续，而且我们也将发现，当弹球的数目增加时，偏离这种倾向的现象也会越来越少。〔有关这些游戏的模拟，见Ben-Naim（2007）。〕一旦你认清了这一倾向，你就能明白，从本质上说，第二定律只不过是当我们使用数量庞大的弹球时——比如10^{23}个，这一倾向的极限而已。我们将一直观察到，游戏从最容易的开始逐步变到最难的，完全没有任何我们能够注意到的偏差。请注意，我们曾在不使用熵的概念时叙述过第二定律的精髓。你能猜出，为什么弹球的分布在图5.11中的改变方向是从a到d吗？

5.4 什么是熵

既然我们知道了如何精明地玩20Q游戏，而且我们也知道了物体数和我们需要提出的问题数之间存在着某种关系，那么，我们需要做的一切，就是把这个游戏扩展到数量庞大的粒子上去，不妨说一个具有阿伏伽德罗（Avogadro）常量的粒子，大约含6×10^{23}个基本单元数。

正如我在前几节解释的那样，有了结果数和它们的分布，我们就可以计算SMI了。在系统中的N个粒子的微观状态数和它的熵之间也有类似的关系。按照经典的观点，说到系统的微观状态，指的是我们知道系统中所有粒子的所有位置和所有速度。在纯粹的经典力学中，在一个有任何数目的粒子的系统中，状态的数目都是无限的。然而，量子力学两次"简并"了这个最初本是无限的数字。首先，通过不确定原理的作用，我们将无限的状态数降低到了某个有限的数字。在图5.9中，我们演示了我们如何成功地做到了这一点。从原则上说，我们不会，也不能确定每个粒子的准确位置和速度。取而代之的是，我们对在一个有限的小盒子内确定每个粒子的状态感兴趣；这一点我们已经在图5.9中展示过了，但现在这个"盒子"有了一个大小，即（Δl，Δv），它与普朗克常量有相同的数量级，这里的Δl是一个小的长度范围，而Δv是一个小的速度范围。

如果每个粒子的准确位置和准确速度忽略不计，那么最终我们就知道，每个粒子只有有限数目的微观状态，因此由N个粒子组成的整个系统的微观状态的数目也是有限的。如果你很难想象N个粒子的所有位置和所有速度组成的抽象"空间"，那你可以去考虑位于（0，1）这个区间上的所有位置，并将（0，1）这个区间分为n个相等的小区间，从而把位置的数字从无限多个减少到n个，而不必去理会粒子在每个区间内的准确位置这个问题。

整个系统的状态数的第二次减少，是通过引入粒子的不可分辨性达成的。这种简并我们已经在图5.10中用小粒子数做过演示了。

一旦我们面对的状态数是有限的，那么状态的分布也是有限的，这时我们就能够在这样一个状态的庞大集合上定义一个20Q游戏了。对于这样一个状态的集合，我们也可以定义并实际计算相应的SMI。其实，这就是为了在所有可能的状态中确定被选定的状态所需要提出的问题的数目。当然，SMI是对系统中包含的信息量的有意义的度量。它并不取决于你是否真的玩与这个系统有关的20Q游戏。

为了从SMI转向熵，我们必须采取如下两个步骤。

首先，我们必须在一个由非常多粒子组成的系统中，对微观状态的总数应用SMI，这一点对理解5.5节中讨论的第二定律非常重要。

要记住，SMI是在任何状态数上定义的，或者是在一个我们知道状态的概率分布的实验结果上定义的。其中的例子有（1）抛硬币，硬币正面与反面的分布为（1/2，1/2），或者任何其他分布；（2）掷骰子，分布为（1/6，1/6，1/6，1/6，1/6，1/6），或者任何其他分布。人们有时会称这个SMI为分布熵。我们不会这样做，因为这种做法会导致很多困惑〔见Ben-Naim（2015）中的例子〕。

对于每个游戏，或者一个具有有限结果的实验，会有许多结果的概率分布。香农证明，对于任何实验，只有一个能够让那个实验的SMI取得最大值的分布。我们已经在5.3节中看到，在图5.11所示的实验中存在着一个分布（即图5.11d所示的一致分布），它能令SMI取得最大值，也就是说，是那个能让20Q游戏最难玩的分布。图5.12显示了在一次两个小室实验中的粒子的初始位置分布。图5.13显示了这个分布是如何随时间变化的。在一个实际实验中，这个位置分布从来没有发生如同图5.12所示的陡然变化。

有了这些知识之后，我们继续实施下一步，对一个处于平衡状态并包括大数目粒子（粒子数 N 的数量级为 10^{23}）的系统应用

SMI。这一步很重要，但遗憾的是，许多科普作家忽视了这一步。

结果证明，对于粒子的经典系统，系统状态的平衡分布也就是令这个系统的SMI取得最大值的分布。我们将在下面几节讨论位置和速度的平衡分布的几个例子。

可以证明，平衡状态下粒子的位置分布是一致分布（这一点

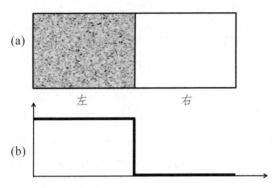

图5.12　粒子的初始位置分布

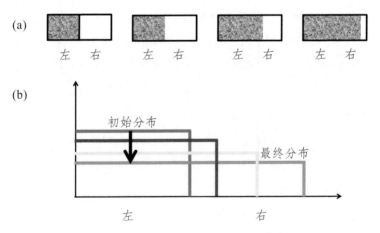

图5.13　用高度图解的方式显示粒子的位置分布变化

在没有任何外部场的情况下是真实的）。这就意味着，在一个特定的区间 Δx，或者 Δy，或者 Δz 中，找到任何特定粒子的概率是相等的，与这个区间的位置无关。这一结果与我们在图 5.11 中发现的结果基本一致。只不过我们现在考虑的不是 8 个粒子，而是大约 10^{23} 个粒子。

与此类似，平衡的速度分布如图 5.14 所示。人们称这个分布为麦克斯韦 – 玻尔兹曼（Maxwell–Boltzmann）分布。〔更多的细节可参阅 Ben-Naim（2007, 2011）。〕

现在，最激动人心的时刻到来了，我们将根据 SMI 得到熵。

首先，我们需要对系统中所有 N 个粒子的位置与速度分布应用 SMI。其次，我们必须对处于平衡状态的位置与速度的特定分布应用 SMI。

一旦做到这一点，你就得到了一个数值，它几乎等同于热力学的熵。

这听起来简直不可思议：熵是人们研究热机效率的科学领域

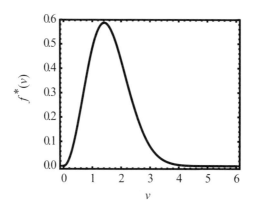

图 5.14　粒子的速度（这里指绝对速度）分布

时所引入的一个概念。而当假定系统在宏观状态下处于平衡时，为了找出它处于哪种微观状态，你必须提出二元选项问题。而熵居然与你为此而需要提出的问题的平均数目有关。我们需要做的一切，只不过是改变对数的底，并对SMI乘以一个常数（玻尔兹曼常数），以此来得到热力学的熵而已。

我们应该说的是，系统的"微观状态"指的是构型，也就是说，是在将系统视为一个经典系统时，系统中所有粒子的位置和速度。在量子力学中，"微观状态"是通过解薛定谔（Schrödinger）方程确定的。你不需要知道什么是薛定谔方程。你需要知道的一切就是，如果在一个孤立系统中存在着 W 个微观状态，则这个系统的熵就可以通过著名的玻尔兹曼公式 $S = k_B \ln W$ 计算。这个公式应该能让你想起SMI和可能性的数目之间的关系。对于一个具有恒定能量 E 的系统来说，这一点是严格真实的。但当系统不是一个孤立系统的时候，这个系统的熵也是由 $-k_B \sum p_i \ln p_i$ 定义的。不过请注意，在这种情况下，p_i 是系统处于带有能量 E_i 的给定状态下的概率。

我们需要在此对熵的意义最后做一次评论。人们经常将SMI与信息混淆，这自然而然地导致他们将熵和信息混为一谈。于是，只要短短几步，他们就会得出结论，认为熵也和信息一样，可能是一个主观量。这类困惑以及类似的其他困惑在Ben-Naim（2015a）中有所讨论。

5.5 熵永远增加吗

在讨论热力学第二定律之前，读者应该知道一个事实，即本节标题提出的问题是毫无意义的。如果你曾经阅读过科普书籍，则你非常有可能曾经读过"熵是永远增加的"这类说法。更谨慎些的作者的写法："熵在大多数时间内都在增加。"遗憾的是，这两种说法都毫无意义。熵本身并不增加或者减少，它甚至没有任何数值！

熵是在有明确定义的热力学系统上定义的一种物理量。

我们已经讨论过，一个热力学系统的熵，与系统在平衡条件下的SMI相关。另一方面，热力学第二定律的一种表述是，如果我们从一个孤立系统（即一个具有固定的能量、固定的体积和固定的粒子数的系统）出发，则当我们去掉了一个内部限制（如分隔两种气体的隔板，如图5.1a所示）之后，这个系统的熵永远不会减少。熵可以不变或者增加。

克劳修斯推广了这项定律，声称宇宙的熵总是在增加。

这一推广并没有什么正当的依据。首先，我们不知道宇宙是有限的还是无限的。如果它是无限的，则它的SMI（很可能也包括它的熵，见后文）也会是无限的。在这种情况下，说宇宙的熵会增加是毫无意义的——难道要说会增长到超过无限的程度吗？

作为第二个，也是更重要的一个保留，我们不知道如何定义整个宇宙的状态，更不要说宣称它是处于平衡状态的。所以，我们无法定义整个宇宙的SMI。因此，我们无法定义宇宙的熵。

宇宙的熵是无法通过实验确定的，也无法通过理论计算得知！所以，我们不应该讨论整个宇宙的熵。与此相反，我们绝不可越雷池一步，只可以去讨论一个有明确定义的热力学系统的熵，这个系统具有固定的能量、体积和粒子总数。对于这样的一个系统，提出它的熵为什么会在去掉一个限制之后会增加（或者保持不变）才是有意义的。

对上面提出的问题的普遍回答是从概率出发的。它由两部分组成。第一，当我们从一个初始状态开始并且去掉一个限制时，这个系统总是会走向一个具有较高概率的状态（这里我们所说的"状态"指的是热力学或者宏观状态）。第二，这个系统的状态的概率与这个系统的SMI相关。较大的概率会有较大的SMI。在平衡条件下，这个系统会达到具有最大概率的状态。在这个状态下，SMI也将达到最大值，而且除了一个乘法常数之外，SMI的这个最大值等于这个系统的熵。

我在上面的这个自然段中讲述的东西非常抽象。对此有兴趣的读者可以在Ben-Naim（2008, 2011, 2015）中找到对这一段落的数学表述。

在这一节中，我们将使用一个非常简单的例子来说明这一段内容。

如图5.1a所示，考虑这个由两个小室组成的系统。整个系统是孤立的，也就是说，这个系统与系统周围的环境没有能量、体积或者粒子的交换。在随之而来的所有过程中，在我们的系统的初始状态下，系统中所有N个粒子都在左边的小室中。然后我们去掉两个小室中间的隔板，观察去掉隔板时发生的现象。SMI会如何变化，状态的概率会如何变化，而最后，当我们使用非常大的粒子数N时，我们将讨论这个过程中的熵变化。

在后面所有的实验中，我们将用N表示粒子总数。我们将假定N是固定的，也就是说不会发生化学反应，而且我们也不考虑光子。系统的状态由每个小室中的粒子数描绘。我们用n来表示左边小室中的粒子数，用$N-n$表示右边小室中的粒子数。

请注意，由于系统的总能量是固定的，因此在过程中的速度分布将不会改变，而在只考虑位置分布的情况下，我们只关心与每个粒子位于哪个小室的问题有关的分布。

让我们从数量较小的粒子开始。

两个粒子的情况，$N = 2$

最初，所有粒子都在左边的小室中。在这种情况下的概率分布为（1，0）。这个系统的 SMI 是 0。我们知道每个粒子在哪里，因此我们不需要问任何问题。

去掉隔板之后，粒子将占据体积为 $2V$ 的整个系统。现在我们可以有三种可能的构型：$n = 0$，概率为 1/4；$n = 2$，概率为 1/4；$n = 1$，概率为 1/2。

请特别留意，当讨论在不同的小室中的弹球时，我们假定它们是可以分辨的。在这个特定实验中，如果我们有两个弹球而不是两个原子，我们就应该数出系统的四个构型。对应的概率见图 5.15a。在原子的情况下，粒子是不可分辨的，则那两个在每个小室中各有一个粒子的构型便简并成为一个构型，即 $n = 1$。这些状态和它们的概率如下：

$n = 0$	$n = 1$	$n = 2$
$P_N(0) = 1/4$	$P_N(1) = 1/2$	$P_N(4) = 1/4$

这就意味着，如果我们给这个系统拍许多照片，比如 100 万张，我们就会发现，照片中 $n = 0$ 的状态出现的概率大约是 25%，$n = 1$ 的状态大约是 50%，$n = 2$ 的状态大约也是 25%。

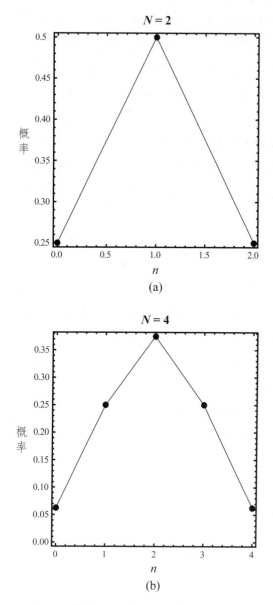

图 5.15　$N=2$ 和 $N=4$ 的情况下的概率分布

四个粒子的情况，$N = 4$

在这种情况下，我们有四种可能的构型。这些状态和它们的概率如下：

$n = 0$ $n = 1$ $n = 2$

$P_N(0) = 1/16$ $P_N(1) = 4/16$ $P_N(4) = 6/16$

$n = 3$ $n = 4$

$P_N(3) = 4/16$ $P_N(4) = 1/16$

我们看到，$n = 2$ 的构型的概率最大。而 $n = 0$ 和 $n = 4$ 的概率都相对较低。这些概率见图5.15b。

大于等于10个粒子的情况，$N = 10$ 或者更多

当 $N = 10$ 时，其分布见图5.16a。根据我们的计算，概率的最大值出现在 $n^* = 5$ 时，即 $P_{10}(n^* = 5) = 0.246$。在下面所有的例子中，我们用 $P_N(n)$ 表示在总数 N 个粒子中，左边的小室中存在着 n 个粒子的概率。我们也用 n^* 表示 $P_N(n)$ 取得最大值时的 n 值。

图5.16显示了概率函数 $P_N(n)$，这是一个以 n 为自变量的函数，因不同的 N 值而异。当 N 增加时，$P_N(n^*)$ 减少。例如，在 $N = 1\,000$ 的情况下，最大概率为 $P_{1000}(n^*) = 0.0252$。当 N 增大时，最大概率的降低依照 $N^{-1/2}$ 的规律递减。实际上，当系统达到平衡状态时，它会永远保持这一状态，这是因为平衡的宏观状态并不刚好是让 $n^* = N/2$ 的状态，但这个状态非常靠近 n^*，只差一个微小的差值，我们不妨说是 $n^* - \delta N \leqslant n \leqslant n^* + \delta N$，其中的 δ 非常

小，足以让任何实验测量无法检测。在（$N=100$，$\delta=0.01$）的情况下，在邻近区域找到这个系统的概率是大约0.235。在$N=10^{10}$个粒子的情况下，我们可以允许对N有0.001%的偏差，这时在邻近区域内找到系统的概率接近于1。

图5.17显示了在$n^*-\delta N \leqslant n \leqslant n^*+\delta N$、偏差$\delta$约为$n^*$的0.0001的情况下找到系统的概率。对作为$N$的函数的概率$P_N\,(n^*-\delta N \leqslant n \leqslant n^*+\delta N)$作图，我们可以看到，当$N$增大时，这一概率趋向于1。当$N$值为$10^{23}$的数量级时，我们可以允许偏差为$N$的$\pm 0.00001\%$甚至更小，这时在$n^*$邻近发现系统的概率仍然接近于1。正是出于这个原因，当系统达到或者接近n^*时，它将在大部分时间内停留在n^*的邻近。对于处于10^{23}的数量级的N值，"大部分时间"实际上指的就是永远。

上述特例为我们提供了一个解释，说明了为什么会有这样一个事实，即系统为什么会"永远"朝一个方向发展，而且一旦系统达到了平衡，它就会"停留"在那里。存在着一个走向概率较大的状态的倾向，这其实就等价于说：我们预期会更经常发生的事件确实会更经常发生。这是常识。我们无法观察到n向n^*的单调上升中出现的偏差，也没有观察到在n达到了n^*后却不在那里停留的事例，这一事实是我们没有能力检测n中微小变化的结果（或者可以等价地说，是因为我们无法检测SMI的微小变化的结果；具体见后文）。请注意，在这一节中，我们还没有提到有关熵的变化的问题。在我们进而计算熵的变化之前，我们重复一下本节得到的主要结论。对于每一个N，在左右两个小室中发现（n，$N-n$）这一分布的概率将在$n^*=N/2$上出现最大值。然而，对数目非常大的粒子来说，准确地得到$n^*=N/2$这个值的概率并

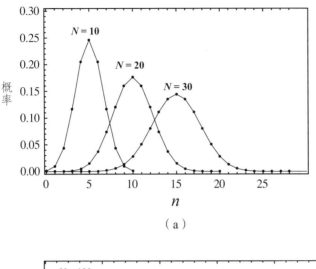

（a）

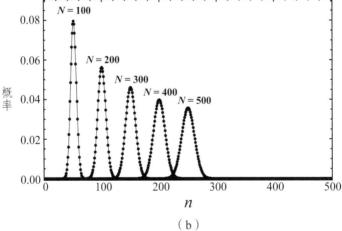

（b）

图 5.16　N 值较大时的概率分布

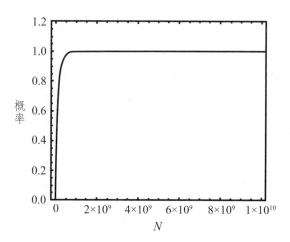

图5.17 找到系统大约处于 $n=N/2$ 的状态的概率函数，其中以 N 为自变量

不很大。另一方面，在 $n^* = N/2$ 的一个很小的邻域之内发现系统的概率几乎等于1！

当我们说系统已经达到了平衡状态时，这个意思是，我们不会看到系统再发生任何变化。在这个例子中，我们指的是粒子在整个系统中的密度变化。在其他实验中，在两个物体之间存在热交换的情况下，我们对平衡状态的描述是，这是一个在整个系统中的温度处处一致的状态，而且这一温度不随时间变化。

在平衡状态下，我们在系统内任意一点测量的宏观密度都是恒定的。在我们上面讨论的特定系统中，粒子在两个小室的例子中的可测密度是 $\rho^* \approx N/2V$。请注意，涨落总会发生。小的涨落经常发生，但它们非常小，我们根本无法检测到。另一方面，能够检测得到的涨落是极为少见的，实际上我们可以说，它们永远不会发生。这一结论在 N 非常大的时候有效。

现在让我们总结一下我们从这些实验中学到了些什么。当 N 值较小的时候，我们看到，在两个小室中有相同数目的粒子的概率相对较高。然而，这个过程中并没有任何事情是不可逆转的。我们可以发现这个系统又回到了初始状态，即所有的粒子都在左边的小室中。这个事件的概率比较低，但并不是绝对不可能。当 N 增加时，我们发现，所有的粒子都在同一个小室中的概率变得极小。我们需要历经宇宙的多次生命途程才有机会看到一次这样的事件。然而，出现这种事件的概率并不是零。这意味着，我们无法在绝对意义上声称这个过程是不可逆的。

有关 SMI 的变化，我们看到，只要我们去掉了隔板，SMI 便会发生 N 比特的改变（为了确定哪个小室中只有一个粒子，我们需要提出一个问题，因此这就是 1 比特的信息）。这是可以理解的。我们知道，所有的粒子一开始都在左边的小室里。在隔板被拿掉之后，我们不知道哪个粒子是在右边的或者是在左边的小室里。对于每个粒子我们丢失了 1 比特的信息。于是，对于 N 个粒子，我们丢失了 N 比特的信息。

迄今为止，我们已经讨论了各种构型的概率和特定构型中的 SMI。同样也请注意，一个构型意味着在每个小室里有多少粒子。任何构型，不妨说（$n, N-n$），都可以确定一个概率分布。通过定义 $p = n/N$ 和 $q = (N-n)/N$，我们得到了对于构型（$n, N-n$）的分布（p, q）。对于这些构型中的每一个数值，我们计算并找到这一概率分布——我们把它记为 $Pr(p, q)$。我们也在这一分布之上定义 SMI，记为 $H(p, q)$。正如我们在以上例子中看到的那样，事实证明，这两个函数互相有联系；概率 Pr 越大，H 的值就越大。这两个数值之间的关系见注释4。

正如我们较早的时候注意到的那样，SMI是在任何N上对任何特定的粒子分布（$n, N-n$）定义的。当我们去掉了隔板，构型（$n, N-n$）将随时间变化。这一变化的速率取决于粒子的能量（或者说整个系统的温度），同样也取决于两个小室之间的孔洞的大小。如果两个小室之间的"窗口"非常小，则SMI的变化会很慢。对于任何N值，SMI开始时会增大。请记住，在我们开始时，所有的粒子都在一个小室内，对应的SMI是0。当我们打开窗口（或去掉了限制）的时候，SMI只能增加，如果用20Q游戏问题的语言来说，就是这个游戏越来越难玩了。一段时间之后，系统将得到一个构型，对此SMI达到最大值。这个构型本身可以改变，使其SMI值降低，甚至可以回到初始状态，但这种状况发生的概率极低。

当想要讨论熵的时候，我们必须记住，系统的熵其实是在那个构型中测算的系统的SMI值乘以一个常数，或者是在SMI达到最大值时的分布（p, q）上测算的SMI值乘以一个常数。而且，如果我们想要让熵服从第二定律（见下文），那么我们就必须将它应用于数目非常大的粒子，粒子数的数量级是10^{23}。只有在N的值非常大的情况下，我们才能够说，当系统达到平衡状态的时候，我们永远不会观察到膨胀过程的逆转。

5.6　SMI随时间变化吗

在讨论熵和它与时间的相关性（或者无关性）之前，让我们先回头看看图5.11所示的那个弹球实验。在图5.11b所示的阶段，我们得到了一个概率分布（3/4，1/8，1/8，0，0，0，0，

0）。这个分布确定了一个SMI，即$H = -\sum p_i \log_2 p_i$，其中$p_1 = 3/4$，$p_2 = 1/8$，$p_3 = 1/8$，所有其他$p_i = 0$，（$i = 4$，5，…，8）。这个SMI是否与时间相关呢？当然无关！我们有一个由概率分布定义的确定的游戏，而且这个分布唯一确定了为找出缺失的信息（也就是说，特定的那个弹球在哪里）我们必须提出的问题数。

在图5.11b所示的游戏中，找到信息的概率是什么？你必须很小心地回答这个问题。假如我给你看一个放在桌子上的骰子，它向上的一面显示了四个点。我问你，找到一个向上的一面有四个点的骰子的概率有多大？答案是1！另一方面，如果我掷一个骰子，而且我问你，当骰子在桌子上落定之后，结果是4的概率有多大？这时的正确答案则是1/6。

为了理解熵是否随时间变化，我问你的这两个有关骰子的问题之间的差别十分重要；具体见5.7节。

让我回到图5.11所示的游戏上去。现在，我们不再选用图中所示的固定游戏，而是让我很长时间地摇晃整个系统。我将每秒钟对小室拍照一次。我也可以记录每种构型出现了多少次。针对这类实验，一个很有意义的问题是："找到一个特定的弹球分布的概率是多少？"另外一个等价的问题是："找到一个特定的概率分布的概率是多少？"

这个问题可能会让人十分困惑，因为我们在这里两次使用的"概率"具有不同的意义。其一是概率分布，比如说对应于图5.11b的那个分布，即（3/4，1/8，1/8，0，0，0，0，0）。另一个则是在我们长时间地摇晃系统之后找到这个特定的概率分布的概率（或者说可能性）。我们把这个概率记为P_r，而对图5.11所示的三种特定结果，我们分别将其概率记为P_r（1，0，0，0，0，0，0，0），

P_r（3/4，1/8，1/8，0，0，0，0，0）和P_r（1/2，1/8，1/8，1/8，0，0，1/8，0）。

如果我们摇晃系统的时间足够长，而且记录了许多结果，那么这些概率便很有意义。我们也知道，SMI是在每一种概率分布上定义的，它们分别是H（1，0，0，0，0，0，0，0），H（3/4，1/8，1/8，0，0，0，0，0）和H（1/2，1/8，1/8，1/8，0，0，1/8，0）。

现在我们可以问："SMI是否随时间变化？"很明显，如果我们不摇晃这个系统，我们只会得到一个与20Q游戏对应的概率分布，以及一个SMI值。

一旦我们开始摇晃系统并且多次拍照，情况就完全变了。在这种情况下，这个游戏将随时间变化，所以SMI也随时间变化。变化的速率将取决于我们摇晃系统的方式。如果我们在摇晃时使用的力量不大，SMI的变化便很慢。反之，如果我们非常用力地摇晃，SMI的变化就会很快。这里需要强调的一点是，SMI确实随时间变化，但它不是时间的函数。不存在我们能够写下的一个函数$H(t)$，它告诉我们，SMI是怎样随时间变化的。SMI随时间的变化是我们自己决定如何摇晃系统造成的，结果以我们选择的速率改变了SMI的值，这个速率对应于我们摇晃系统的剧烈程度。

既然我们理解了SMI的值并非时间的一个函数，我们就可以考虑下一个问题了。假定我们长时间地摇晃系统，而且通过实验发现，在长时间摇晃之后，大部分游戏将得到一个与图5.11d相同的概率分布，即（1/8，1/8，1/8，1/8，1/8，1/8，1/8，1/8）。我们也可以从理论上证明，对于这种分布，SMI在这种8个弹球分别位于8个小室的系统内会取得最大值。我们也可以证明，这个概率分布具有最大的出现概率。让我们将这个最大概率记作 $P_r(max) = P_r(1/8, 1/8, 1/8, 1/8, 1/8, 1/8, 1/8, 1/8)$，而与此对应的 SMI 则记作 $H(max) = H(1/8, 1/8, 1/8, 1/8, 1/8, 1/8, 1/8, 1/8)$。这两个数值之间是相关的。[4]

现在就是最后的那个问题了 —— $H(max)$ 是否会随时间变化？如果你一直随着我的推理一步一步地走了过来，你就会马上回答："当然不会啊！"我们已经看到 SMI 会随时间变化，但这仅仅是因为我们在摇晃系统，而 SMI 的这些变化是我们造成的。然而，SMI 的最大值不会随时间变化。对于给定的系统，这是一个固定值。对于在图 5.11 中显示的特定系统，H 的最大值刚好就是 $\log_2 8$，这就是当所有的弹球一致分布在 8 个小室中时，为了在游戏中找出我选择的弹球，你需要提出的（精明的）问题的数目。

我们在上一个弹球的例子中发现，游戏的 SMI 随时间增加。我们可以说，当我们摇晃系统时，与特定弹球的位置相关的不确定性在增加。叙述同一件事情的另一种方式是：如果我们玩这个系统的 20Q 游戏，则当我们不断地摇晃系统时，这个游戏会变得越来越困难。等价的说法是，为了弄清一个特定的弹球在哪个小室里，我们需要得到（或者购买）更多信息。

这让我们很想根据这个例子得出结论，说 SMI 总是随着时间在增加，并且从这个结论自然而然地推进到下一个结论，说熵也是随时间增加的。

然而，得出这样的结论并无足够的根据。让我再给你两个来自"真实"生活的例子，在其中一个例子中，SMI 会随时间增加，但在另一个例子中，SMI 会随时间减少。在下一节中，我们将讨论熵，它在本质上是SMI在一个特定分布中的特例。

a. 平均分配问题

假定某个国家颁布了一项新法令，规定国内人民的所有财富都必须均分给大家。具体地说，假定全国有 n 个人，又假定换算成美元的全国总财富为 M 美元。为了达到财富平均，新法律规定，每当两个人 i 和 j（其中 i 有 M_i 美元，j 有 M_j 美元）相遇时，他们两人都必须均分他们的总财产 $M_i + M_j$，分手时各自带走 $(M_i + M_j)/2$ 美元（图5.18）。不难看出，过了一段时间之后（时间的长短取决于人们相互见面的频率），所有人拥有的财富将会全都相同（图5.19）。

为了给这个系统定义一个合适的SMI，请记住，SMI是在任何概率分布（p_1, p_2, ..., p_n）之上定义的，而且所有的 p_i 之和为1。

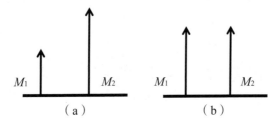

图5.18　第一个人与第二个人见面之后的财富重新分配

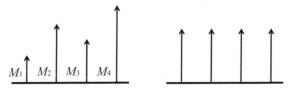

图5.19　很长一段时间之后形成的财富分配状况

（练习：你是否能够说出哪个事件的概率 p_i？如果你觉得有困难，见5.3节中弹球在盒子里分布的例子。）

如果第 i 人有 M_i 美元，我们定义 $p_i = M_i/M$。很显然，这是一个分布（也就是说，$0 \leqslant p_i \leqslant 1$，且 $\sum_i p_i = 1$），而且我们可以在这个分布上简单地定义SMI：$H = -\sum p_i \log p_i$（这里的 log 是以2为底的对数）。

正如我们预期的那样，在一段时间之后，所有财富将平均分给所有人。最终，所有的 p_i 都逐步地等于 $p_i = 1/n$（$i = 1, \cdots, n$）。与此对应的SMI将逐步取得最大值。请注意，这里与图5.11中的20Q游戏不同，因为那里的SMI可以随时间上下浮动，只是当弹球的数目非常大时，增加的趋势占据了压倒性优势。然而，在这个国家里，一旦法律开始执行，与 $(p_1, \cdots, p_n)$ 相关的SMI将或者保持不变或者增加，并最终达到最大值。此后，SMI将保持恒定（$H_{\max} = \log_2 n$）。

b. 极端资本主义社会

任何人都无意用这个例子代表真实的资本主义社会。这个社会的构建方式是定义某种分布，让与其相关的SMI"总是随时间"下降。我们这次又设计了一个有 n 个人的国家，他们的总财产是 M 美元，分布于所有这个国家中的人中间。设 M_i 为第 i 人拥有的美元数，则全国人口的美元总数为 $M = \sum M_i$。

和之前一样，我们可以定义一个概率分布，使 $p_i = M_i/M$。很显然，$0 \leqslant p_i \leqslant 1$，而所有 p_i 之和为1。在这个国家中，人们享有尽其所能挣钱的自由，而且他们确实能够做到这一点。

有一天有这样一个人，我们不妨称其为17先生。17先生注意到，这个国家的人沉迷赌博。在这个国家里有好几套六合彩，大部分国人（即使不是全部）都积极参与。六合彩给出的彩头从1000万美元至1亿美元不等。17先生也注意到，头奖的金额越高，就越能吸引更多的人投注，尽管赢的机会非常渺茫。大部分人不在乎有多大机会获奖；人人都寄希望于上帝，认为总有一天上帝会降下恩宠，让他或者她中大奖，无论赢的机会到底有多大。

经过一番深刻而又艰难的计算之后，17先生决定设定一个100亿美元的超级大奖。这样一笔庞大的奖金前所未闻。他也告诉他的同胞们，说他选择的获奖号码完全是随机的，是在1和$10^{10^{10}}$之间的一个整数。请注意，与一个正常的六合彩不同，17先生发售的彩票是空白的，上面没有数字。每个想要参加六合彩的个人都得先付1美元，拿到一张空白彩票，在上面写下从1到$10^{10^{10}}$之间的任何一个整数，然后把它交给17先生，后者会把彩票小心地存放起来。在每个月的头一天，所有的彩票都被打开，上面出现了17先生设定的数字的彩票将赢得大奖。请注意，在这种六合彩中，可以有不止一人赢得头奖。

当然，谁也不明白这个可笑的数字$10^{10^{10}}$是什么意思。管他是个什么数字，随之而来的是在六合彩彩票出售站发生的疯狂购买。不管怎么说，谁也不愿意漏掉这种只花1美元赌资就有希望赢得100亿美元的机会。穷人们只需买一张彩票，选择自己的数字，登记参加17先生的六合彩大抽奖。那些有能力出资的人会买10张甚至100张彩票，因为他们相信，这样做会给他们带来比只买一张多9倍或者99倍的获奖机会，这种想法自然是正确的。

对于那些对$10^{10^{10}}$这个数字的大小有些概念的读者来说，他们应该毫无困难地预见到，经过一段时间（具体的时间取决于每人购买多少张彩票，以及他们每过多长时间就又再次购买彩票，而且当然，也取决于他们有多么精明。我们假定，即使最精明的人也无法抵挡赢得如此庞大的一笔财富的诱惑！）之后，这个国家的财富得到了重新分配。对于那些甚至无法想象 $10^{10^{10}}$ 这个数字的意义的读者，让我来告诉你：如果这个国家有100万人口，每人在一生中每天都买一张彩票，他们获得大奖的机会仍然几乎是零，肯定不等于零，但无限接近于零。

请记住，我们是以一种财富的分布（M_1, M_2, $\cdots$, M_n）开始的，这里的 M_i 是第 i 个人拥有的美元数。这个分布定义了一个概率分布（p_1, $\cdots$, p_n），此处 $p_i = M_i/M$。我们可以在这个概率分布上定义 SMI，而这个 SMI 将随时间变化。在我给你答案之前，请尝试找出 SMI 将向哪个方向变化，是增加还是减少？

答案非常简单。假定所有人都参加了六合彩，而且不同的人购买彩票的数目不同（请记住，你买的彩票越多，你赢的机会就越大；如果你买了1000张彩票，你赢的机会就是只买一张的人的1000倍）。

没过多久（具体时间取决于人们过多久就又再次购买彩票），所有的财富都奇迹般地向一个方向流动，进入17先生的手中。最终，17先生的手中将握有所有的财富。最终的概率分布将是：除了 $p_{17}=1$ 之外，所有的 p_i 都等于零。对应的 SMI 将是 0！从初始分布到最终分布，整个期间，SMI 几乎一直在随时间减少。

练习：为什么我在"SMI 几乎一直在随时间减少"这句话中有一个"几乎"，而不是说"SMI 一直在随时间减少"？

答案：请记住，赢得大奖的机会极小。尽管如此，还是会有买了彩票就赢的可能。这一事件会让SMI发生暂时的增加（你能说出为什么吗？）。然而，在一段非常短的时间之后，SMI就又会几乎一直向0下降了。事实上，如果一个人真的赢了（尽管概率如此之小），这将鼓励其他许多人更多地在六合彩上扔钱，因此会加速SMI的减少。

既然我们已经知道，一般说，SMI可以随时间向两个方向变化，于是我们就可以继续讨论熵随时间的变化了。在这样做之前，我劝读者尝试"发明"游戏，或者事件，或者实验，甚至新的政治系统，那里的SMI将随时间增加或者减少，或者随时间振荡。而且我也劝读者，要考虑"SMI随时间变化"这句话是什么意思。对最后一句话的回答已经在上面的讨论中提到了，而且将在下一节中重复。

5.7 熵会随时间变化吗

在讨论本节标题提出的问题的答案之前，请先考虑下面的问题。

在5.5和5.6两节中，我们已经看到了SMI随时间变化的例子。我相信你能够发现，SMI的变化来自分布的变化（无论是弹球在不同的小室中的分布，或者是财富在不同的人手中的分布）。我也相信，你已经注意到，SMI的变化并不是由于SMI这个概念的某种与生俱来的时间相关性造成的。它之所以随时间变化，是我们在一个受到控制的实验中做出的变化造成的。很显然，我们无法说SMI是时间的一个函数。我们必须首先检查，SMI在如上定义的分布上是否随时间变化，以及它是怎样随时间变化的。对于熵来说也同样如此。那些谈论熵永远增加的人并不清楚他们在说些什么。人们必须首先指定，熵是定义在哪个系统上的。

现在重新考虑所有那些我们曾经研究过的随时间变化的SMI。在所有这些例子中，SMI都会在一段时间后取得极值（这并不一定总是正确的；我们可以考虑某些振荡过程，在这些过程中，SMI一直在振荡）。极值是在某种特定分布时取得的。现在我向你提出一个问题：假如我们定义一个系统，其中的分布会让SMI取得最大值。让我们称SMI的极值为H_{max}。请问，H_{max}是时间的函数吗？

当然不是。H_{max}这个数值是SMI的最大值（或者最小值）。SMI本身可以在达到了最大值之后继续变化，但最大值不会随时间变化。如果你觉得不容易抓住这种论点，你可以考虑一个简单的例子。现在，你正走在一条山路上（图5.20），每隔一段时间，记录一下高度，就按海拔多少米即可；你可以把在时间t时你所在的高度记为函数$h(t)$。如果你继续向上走，函数$h(t)$会随时间增大。如果你来到了山顶，你记下最高高度；我们可以称之

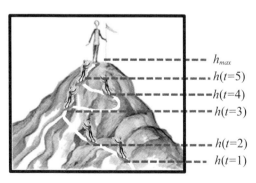

图5.20 爬山者在山坡上的高度

为 h_{max}。一旦你登上了顶峰,你可以留在那里,或者可以下山,在这种情况下 $h(t)$ 将随时间减少。

我希望你能够意识到,无论你选择哪条路爬山,无论你走路的速度如何,你都会得到不同的关于时间的函数 $h(t)$。但 h_{max} 的值却不是一个时间的函数。SMI 也同样如此。虽然它随时间变化,但它的最大值不随时间变化。

现在我们来到了关键的地方 —— 考虑一种理想气体在一个孤立系统中的自发膨胀这一简单情况。一旦我们去掉隔板,粒子的位置分布将随时间变化(在这里,系统的总能量是粒子的动能的总和;粒子的速度分布在初始与最后状态将是相同的)。所以,位置 SMI 也将随时间变化,直到取得最大值。我们称让 SMI 取得最大值的位置分布为平衡分布,而这里是其基准:在平衡时,SMI 的最大值是与系统的熵相关的。因为 SMI 的最大值不是时间的函数,所以,系统的熵也不是时间的函数。

请认真注意一点,即位置和速度的分布可以偏离平衡分布。所以,在这个系统上定义的 SMI 可能也会随时间变化,但熵不会!

我们现在已经可以回答本节标题给出的问题了。我们的答案是:肯定不会!当然,如果不指定我们考虑的系统,这个问题毫无意义。但遗憾的是,大部分科普作品的作者会告诉你"熵永远增加"——这是一个毫无意义的陈述。我们必须首先描述与我们考虑的熵有关的系统。一个更有意义些的问题是:现在给定一个热力学系统,它是一个体积为 V 的盒子,里面有 N 个(N 是一个很大的数字)粒子,并具有固定的能量 E。这个系统的熵是时间的函数吗?我们的回答是:不是!

5.8　熵变化的两个例子

让我们从一个有明确定义的孤立系统开始，并去掉其中的一个限制。熵会增加。我们也可以让这个变化发生得很慢，比如把两个小室中间的一扇小窗户打开与关闭很多次。在这种情况下，熵的增加会很小。然而，人们无法宣称熵是时间的函数。

让我们回头考虑图 5.11 的逐步演化游戏。我们使用与图 5.11 中相同的系统，但这次不使用弹球，而是在系统中使用 N 个原子，不妨说是氩原子。为简单起见，假定我们以所有 N 个原子都在小室 1 中作为开始。我们假定，作为一个整体，这个系统是孤立的。它的总体积是固定的 $8V$，粒子总数是 N，总能量为 E。我们选择氩作为简单的粒子，而且我们也假定，我们可以忽略原子之间的相互作用，即将它们视为理想气体。在这种情况下，系统的总能量是系统中所有原子的动能。

如图 5.21 所示，如果开始时我们让所有 N 个粒子都在小室 1 中，则这个系统的热力学状态是有明确定义的，我们用一组三个字母作为标记（E，V，N）。对于这样一个系统，它的熵是有定义的，不妨让我们称之为 $S_{初始}$，它是由变量（E，V，N）决定的。如果我们让这个系统一直保持这样的状态，则不会发生任何事件；几个变量都不会变化，系统的熵也不会变化。

我们现在在做一件事，这件事就相当于前面的摇晃弹球。我们只需要在小室之间的壁上开几个小窗口。与图 5.11 中的实验不同，在那里我们必须摇晃系统来引发从初始状态向其他状态的转化。但在这里我们不需要摇晃系统，摇晃是在系统"内部"自发的。原子的随机动能将让粒子在各个小室之间流动。在我们打开窗口之后的短时间内，只有少数粒子撞上了窗口，进入了小室2，然后进入小室3，以此类推。图5.21显示了几个中间状态。过了一段时间之后，粒子将在整个8V体积内一致分布。所需时间长短取决于分子的平均速度（与气体的温度有关）以及窗口的大小。然而，无论粒子的动能是多少，也无论窗口有多大，系统最终会达到一个新的热力学状态，我们可以用（E，8V，N）标记。请注意，E和N在这个过程中并没有改变。发生变化的只有每个粒子可以到达的体积。新的熵值是$S_{最终}$，由系统的状态（E，8V，N）决定。

在弹球实验中，SMI在我们摇晃系统时发生变化；在我们现在的实验条件下，系统的熵从$S_{初始}$变化为$S_{最终}$。这个变化值总是正的，即：

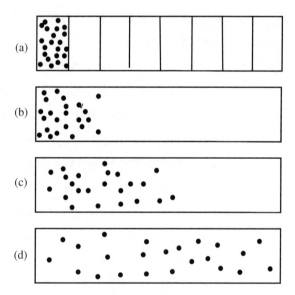

图5.21　一个让某种理想气体从初始状态（a）向最终状态（d）转变的膨胀实验

$$S_{最终} - S_{初始} > 0$$

不存在描述熵从初始值 $S_{初始}$ 向最终值 $S_{最终}$ 变化的函数 $S(t)$。这个实验还有另一个与弹球实验相当不同的特点，即当系统平衡时，我们或许能够观察到偏离粒子一致分布的平衡状态非常小的涨落。另一方面，在弹球系统中，我们能够观察到距离弹球最大可能分布[①]比较大的偏离，而对每个偏离，SMI 都有一个有确定定义的值，取决于弹球的概率分布。事实上，我们甚至可以观察到所有弹球都在一个小室中的构型，对于这种构型，SMI 的值为零。

而气体在小室中的情况则大为不同。熵的值与 SMI 的最大值成正比。当我们打开窗口时，SMI 将发生变化，但系统的熵是由对应于变量（E，$8V$，N）的平衡状态决定的。

我们说过，并不存在描述熵值从 $S_{初始}$ 向 $S_{最终}$ 变化的函数 $S(t)$。我们有两个系统状态：初始状态（E，V，N）和最终状态（E，$8V$，N）。在这个转变过程中，E 和 N 保持恒定。只有体积发生了变化，从 V 变到了 $8V$。在每个粒子上的 SMI 的变化是 $\log_2 8 = 3$，即需要 3 个问题来决定粒子在哪里，这与弹球的情况完全相同。为了得到对应的熵的变化，我们只需要改变对数的底数，并乘以玻尔兹曼常数 k_B。

在图 5.21 中，我们显示了一系列粒子位置的可能分布，从图最上面的初始分布一直到最下面的最终分布。对于这些位置分布中的每一个，我们可以定义一个相应的 SMI。然而，系统的熵是由两个状态定义的：初始状态（E，V，N）和最终状态（E，$8V$，N）。它并不是连续地从 $S_{初始}$ 变到 $S_{最终}$ 的。如果你感到难以接受我

---

① 学术文献有时称之为"最可几分布"。——译者注

刚刚关于熵的陡然变化的说法，请考虑一下体积在这个过程中的变化。我们从初始状态（E, V, N）开始，当时的体积是V。这是所有粒子都可以到达的体积。当我们打开小室之间所有的窗口时，所有的分子都能够进入的体积陡然从V变成$8V$。系统的体积一直是$8V$，即使一些小室没有被粒子占据也同样如此。

类似地，当我们打开了小室之间的所有窗口时，熵将从$S_{初始}$陡然变为$S_{最终}$。至于问到熵是什么时候从$S_{初始}$陡然变为$S_{最终}$的，答案取决于我们是如何定义平衡状态的。

在我们的定义中，如果只有当粒子分布一致，而且不再能够观察到显著变化时才是平衡状态，则我们可以说，熵从我们打开窗口之前的$S_{初始}$开始，然后在新的平衡状态下达到$S_{最终}$。

另一方面，人们可以决定，将系统的每一个微观状态视为系统的可到达状态。在这种情况下，当我们打开窗口的一瞬间，所有的粒子仍然在左边的小室里。然而，这个状态是属于热力学状态（E, $8V$, N）中的一个，因为在这个时间点上，整个$8V$体积都是所有粒子可以到达的。所以，我们可以说，从我们打开窗口的那一刻起，熵已经从$S_{初始}$变成$S_{最终}$了。还有许多其他方法，可以通过在不同的时间间隔内打开或者关闭窗口来引入熵的逐步变化。我们不拟在此讨论这个问题。对此有兴趣的读者可参阅Ben-Naim（2012）。

迄今为止，我们已经讨论了理想气体在一个总能量恒定的孤立系统中膨胀的情况。在这样一个过程中，速度分布没有变化。设想位置分布和对应的系统熵值如何随时间变化是相对容易的。我们现在描述另一个实验，它与第二定律有相对重要的关系，在这个实验中，速度分布随时间变化。

在这个例子中，速度分布和相应的SMI的变化不容易想象。人们需要做点数学运算，具体方法见Ben-Naim（2012）。下面我们将描述一个过程，其中只是速度分布有变化，位置分布没有变化。

考虑两个理想气体系统，不妨以氩气为例。其中的一个系统由热力学变量（T_1，V，N）描述，另一个由（T_2，V，N）描述。这两个系统开始时是相互孤立的，并且都处于平衡状态。

图5.22显示了这两个系统的速度分布，比如T_2=400K，T_1=200K。请注意，人们通常在这种情况下称其为粒子绝对速度，但我们使用"速度"这个术语。[5]

现在我们让这两个系统进入热接触。这意味着热量或者热能可以从一个系统流向另一个系统。请注意，这个联合系统现在是孤立的。我们知道，热量将从温度较高的物体流向温度较低的物体。同样，高温物体的温度将会逐步降低，而低温物体的温度将逐步上升。在最后的平衡状态下，两个系统的温度将是一样的，在这个特定情况下将是：

$$T = (T_1 + T_2)/2 = 300K$$

速度分布取决于温度。所以，当较热的系统温度下降时，它的速度分布变得更尖锐。另一方面，较冷的系统的速度分布则会变得更宽阔。图5.23显示了这两个系统的速度分布是怎样随时间变化的。在最后的平衡状态，两个系统的速度分布将是一样的。

在我们让两个系统相互接触之前，每个系统的SMI和熵都有明确定义〔详见Ben-Naim（2012）〕。当这两个系统开始了热接

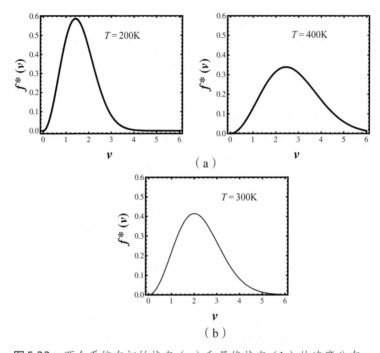

图 5.22　两个系统在初始状态（a）和最终状态（b）的速度分布

触之后，较冷的系统的 SMI 增加，而较热的系统的 SMI 减少。然而，联合系统的 SMI 增加。这一点可以用数学方法证明。

当系统达到最后的平衡状态时，联合系统的 SMI 值最大。SMI 的这个最大值乘以一个常数就是系统在最后的平衡状态的熵。

请仔细注意这一点：一旦两个系统进入热接触，联合系统的 SMI 即随时间变化。变化的速率取决于系统的温度，以及系统表面的热传导性。系统的熵陡然从接触前的初始值变为系统达到新的平衡状态的最终值。

由此我们可以得到结论，即在这个过程中，SMI 随时间增加，这一点与 SMI 在膨胀的情况下增加类似。在平衡状态下，SMI 达

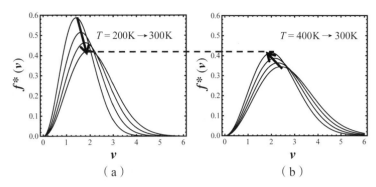

图5.23 两个系统的速度分布（a与b）从初始状态向最后状态的变化

到最大值，对应于图5.22b所示的平衡分布。联合系统的熵是由平衡时的速度分布决定的。就此而言，这不是一个时间的函数。

在上面讨论的两个例子中，我们分别观察了第一个例子中的位置分布变化和第二个例子中的速度分布变化。在更普遍的情况下，在限制被去掉的那一刻，位置和速度的分布都可能改变。一个例子是非理想气体从体积V向体积$2V$的变化。

在这个过程中，我们有三个变化的分布：位置分布、速度分布和两个粒子之间的相互作用能的分布。对于这些分布中的每一个来说，人们可以定义相关的SMI。我们可以证明，在这个过程中，系统的总SMI一直在增加；然而，系统的熵从初始状态向最终状态陡然变化。〔详见Ben-Naim（2008，2012）。〕

5.9 运动方程的可逆性和热力学不可逆性之间有冲突吗

如何回答这个问题，取决于人们在说到"可逆性"与"不可逆性"时指的是什么。自从玻尔兹曼引进了熵的原子论解释之后，人们便一直对粒子运动方程中的逆时间对称和第二定律的不可逆转性之间的矛盾感到困惑不解。[6]

当然，谁也无法逆转时间，并研究一个通过真正地逆转时间本身导致的过程。说到"时间逆转性"时，人们的意思是，每一个粒子的路径，比如作为时间 t 的一个函数的位置 R，都能以相反的次序出现。更合适的术语是粒子运动的"事件逆转"，而不是"时间逆转"。

另一方面，我们看到了许多似乎只沿着一个方向发生的过程，这些过程是不可逆的。例如，当两个小室之间的隔板被去掉之后，那些被限制在一个体积 V 内的气体总是会膨胀，去占据更大些的体积 $2V$，见图 5.1a。我们在自己的生命中从来没有见过这一过程逆向发生。类似地，图 5.1b 中所示的混合过程，或者热量从较热的物体向较冷的物体传递的过程，它们看上去都是不可逆的，也就是说，我们从来没有观察到过这个过程逆向发生。

在检查标题中所述的内容是否有冲突之前，我们应该在说到"可逆性"与"不可逆性"的时候澄清其含义。人们至少可以对"可逆过程"这个术语给予四种不同的含义：

含义 1：机械上的意义。

含义 2：一个熵变化为零的热力学过程。

含义 3：一个热力学过程 $A \to B$，它沿着一系列密集的平衡状态进行。

含义 4：一个热力学过程 $A \to B$，它可以沿着逆向的 $B \to A$ 进行。

在讨论"可逆性"这个术语的四种定义之前，让我们看一看这个术语在口语中的几种不同含义，这是很有启发意义的。

假定某人从 A 点下坡走向 B 点。在到达 B 点之后，人们告诉你，这个人走回了 A 点。你可能会想，这个过程是怎样逆转的。

这个人是像你在倒放电影视频的时候会看见的那样，头朝前但身子向后走路吗？这种运动的逆转看上去很好笑，但不是一个现实的过程。

我们还可以想象另一种逆转过程，但也不现实。这就是此人以某种方式回到坡顶，并产生这样的结果：在他完成了 $A \to B \to A$ 的循环之后，整个宇宙中的一切都恢复了初始状态。很显然，这不是一个现实的过程，但仍然是一个可以想象的过程。

下一种逆转就更现实了，就是此人简简单单地从 B 点沿着同样的路径回到 A 点。尽管同一个人沿着同一条路径下坡与上坡，但这个人身上发生了一些事情，而山坡和天气条件必定也发生了一些事情；例如，此人的鞋底破了，被他的鞋子踩过的泥土稍微被压下去了一点。

第四种可能性是最简单的：此人回到了 A 点，但不一定按照原来的路径，而且他本人和整个宇宙当然一定会发生一些变化。

把这些例子记在心里之后，现在我们转而讨论热力学中使用的"可逆性"的各种含义：

含义 1：用于与运动方程的可逆性有关的力学方面。如果可以通过让所有粒子的速度反向而让一个过程逆转，我们就说这个过程是可逆的。这个术语的这种含义通常不会用于热力学。它有时用在统计力学中，与下面明显的冲突相关：很显然，原子和分子的运动方程是可逆的，但它们与我们在下面将要讨论的自发的热力学过程的不可逆性是矛盾的。

含义 2：有时用于与第二定律有关的场合。第二定律说，对孤立系统内发生的任何自发过程来说，熵永远不会减少。我们称熵在其中增加的一个过程为不可逆过程。我们称一个在发展过程中熵不变的过程为可逆过程。这是卡伦（Callen）于1985年命名的，用以区分可逆过程与准静态过程。例如，去掉分开两种不同气体的隔板将导致气体自发混合，系统的熵会增加。这一特定过程必定是不可逆的；这不是因为它是不能逆转的，而是因为让系统恢复原状时必定会让整个宇宙发生变化。严格地说，在含义2意义上的可逆过程非常少见。其中的例子有理想气体的可逆混合，以及宏观系统的形状变化，比如从球体变为正方体，或者从正方体变为球体（见图5.24）。如果我们忽略表面作用，后者在含义2的意义上是可逆的。

含义3：在热力学中的运用最为普遍，但它有时与含义2相混淆。可以用下面的简单例子澄清二者的不同：

考虑一个膨胀的自发过程，如图5.1a所示。开始时，所有斜体个分子都被限制在一个小室中。去掉隔板引发了一个膨胀的自发过程。这是一个典型的不可逆过程。系统的初始状态与最后状态可以用压强-体积（PV）图上的两点描述。

在含义2的意义上，这个过程显然不是可逆的。但它在含义

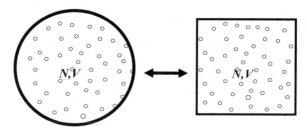

图5.24 一个可逆过程，其中系统的熵没有变化

3上也是不可逆的，因为我们无法逆向追溯 PV 图上的路径。这种情况完全是因为，在膨胀过程中，系统的热力学状态没有明确定义，所以谈论沿着热力学路径对于初始状态向最终状态这一过程的逆转毫无意义。

假定在此之后我们逐步改变活塞的质量，每次的改变量是 ΔM，当系统达到平衡状态时，接着再次减轻 ΔM，以此类推。对于这个过程，我们可以在 PV 图上画出所有平衡点。比如，我们可以说，我们知道从初始状态到最终状态的路径上的10个点，但我们不知道任意两个平衡点之间的确切路径。

假设我们可以每一步只在活塞上去掉一个无穷小的质量 dM。在极限情况下，如果我们以无穷小的步骤实施这一过程，则在初始状态到最终状态之间，我们可以在 PV 图上画出一个几乎连续的路径。所以，谈论从初始状态到最终状态的热力学路径是有意义的，谈论从最终状态返回初始状态的热力学路径也是有意义的。

为了区分这一可逆过程与含义2中的可逆过程，人们有时候称前者为准静态过程。一个准静态过程正是一个以大量极小的步骤实施的过程，这样可以有效地让系统历经一系列几乎连续的平衡状态。因为每一个平衡状态都有明确的热力学定义，因此，这个过程的路径是有明确意义的。所以，谈论逆转的路径或者逆转过程是有意义的。

应该强调的一点是，一个准静态过程（即在含义3下的一个可逆过程）并不意味着这个过程在含义2下是可逆的。因此，采用两种不同的术语来区分这两种过程是可取的。

同时也请注意，在含义3下的可逆并非在含义1下的可逆。热力学路径是可逆的，但分子轨迹并不可逆。

最弱的可逆性形式是过程 $A \rightarrow B$ 可以被逆转为 $B \rightarrow A$。这里并不要求逆转必须沿着同样的热力学路径（含义3）或者熵不可以变化（含义2）。这个形式是最弱的，因为很难找到一个无法在这种意义下可逆的热力学过程。我们在这一讨论中不牵涉生与死的过程。至少在我们现有的知识层次上，这个过程似乎在以上所有意义上都不可逆转。一个人们经常引用的例子是煮熟一颗鸡蛋。这个过程是无法逆转的（让鸡蛋回生？）。然而，在热力学中，我们讨论从一个具有明确定义的平衡状态走向另一个平衡状态的过程。究竟一个鸡蛋——无论是煮熟的还是生的——是否处于平衡过程，这一点还远非我们所知。此外，或许可能有一天，我们能够发明一种可以让鸡蛋回生的过程。

最后，叙述一种比图5.25a所示的混合过程更"绝对"、更强的"不可逆"过程很有启发意义。吉布斯（Gibbs）是研究混合

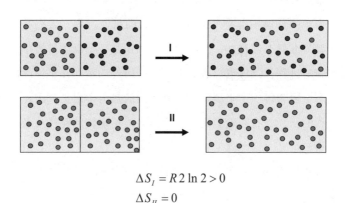

$$\Delta S_I = R \, 2 \ln 2 > 0$$
$$\Delta S_{II} = 0$$

图5.25 （a）一个不可逆过程（I）混合两种不同的气体，过程中熵的变化为正值；（b）一个可逆过程（II）"混合"同种气体，在这一过程中系统的熵没有变化

过程的前驱，他曾比较了这一过程与混合"两部分同种气体"的过程（图5.25b）。他的结论是，因为$\Delta S > 0$，因此按照含义2，过程I是不可逆的，但按照含义4是可逆的。然而，过程II中的混合是无法逆转的，而且是"完全不可能"逆转的。麦克斯韦也得到了类似的结论。这两个结论似乎是正确的。我们完全无法分开在图5.25b的过程II中混合的两种气体。尽管如此，过程II的逆转不仅可能，而且并非难事，可以轻而易举地完成。〔有关这一题材的进一步讨论见Ben-Naim（2008）。〕

很明显，当我们实施一个有明确定义的实验时，比如说理想气体从V膨胀到$2V$，粒子运动的可逆性与我们观察到的整个系统的不可逆性是不同的。

假定我们按照图5.1a所示开展这个膨胀实验。开始时，所有的粒子都被限制在体积V之内。作为整体的这个系统是孤立的。这就是说，系统的总能量、体积和粒子数不会改变。

当我们去掉分隔两个小室的隔板时，我们观察到了气体的膨胀，它占据了整个体积$2V$。开始时，这个系统以热力学变量（E，V，N）为标志。在去掉了隔板之后，系统达到了一个新的热力学状态，以（E，$2V$，N）为标志，而对应于这一变化，熵将从S（E，V，N）变为S（E，$2V$，N）。我们可以计算理想气体的熵变化$\Delta S = N k_B \ln 2$（这里的k_B是玻尔兹曼常数）。

现在假定我们从图5.1a右边所示的最终状态出发。在某个时间点上，我们逆转了所有原子的速度。当然，实际上我们永远无法实施这样一个实验，但是我们可以想象，如果我们做了这样一个实验会出现什么情况。

我们可以就这样一个思维实验的结果提出以下问题：

1. 这个系统的粒子能否回溯它们的路径，而且可以让我们在一段时间后看到，所有粒子都被限制在左边的小室中？

2. 这个系统的热力学状态是否可逆？这里说的可逆，是从状态（E，$2V$，N）向状态（E，V，N）意义上的可逆。

3. 气体的熵是否会从 S（E，$2V$，N）向 S（E，V，N）逆转？也就是说，熵的变化会不会是 $-Nk_B \ln 2$？

假定我们能够实施这个思维实验，我们预期所有的粒子将回溯它们的路径，而且我们将在一段时间之后看到初始状态（b）。事实上，我们需要多长时间之后才能观察到这种状态，它完全等同于从我们去掉隔板到逆转所有粒子的速度所需的时间。所以，对于第一个问题的答案：是的！而对于第二个问题的答案：完全不可能！尽管我们达到了初始状态，但这个状态与图 5.1a 左边所示的状态不同。换言之，其热力学状态并不是 5.1a 中的（E，V，N）。在这个状态下，粒子并没有像图 5.1a 那样被限制在体积 V 之内。如果我们稍微多等一下，我们将发现，气体分子将占据整个体积 $2V$。热力学状态将是（E，$2V$，N）。

对第三个问题的答案随着第二个问题呼之欲出。熵不会减少到 S（E，V，N）。如果隔板也出现在我们观察到初始状态的时间点上，那才是这种情况。这种情况当然不会自发地出现。

大部分书写有关第二定律并承认其概率性质的人都混淆了两个问题。

假定我们实施了膨胀过程，则在系统达到一个新的平衡状态之后，我们可以问下面的两个问题：

1. 系统的粒子会不会有回去占据原来的体积 V 的时候？

2. 系统的熵会不会有降低到 $R\ln 2$ 的时候？

大部分作者都会对这两个问题给出肯定的回答，但会加上一句——这样一个事件发生的概率极低。

我认为，对于这两个问题的答案是不同的。是的，那些粒子会回到原来的体积。是的，发生这样的事件的概率极低。另一方面，系统的熵永远也不会回到它的初始值。为了让这种事情发生，我们不但需要假定所有的粒子都回到原来的体积V之内，而且它们也必须足够长的时间内留在那里，以此达到最初的平衡状态。

换言之，这种情况只有当两个小室之间的隔板自发地回到它原来的位置上才会发生！

因此，对于第二个问题的回答是"不会有"。发生的概率为0。

同时也请注意，在我们去掉了两个小室之间的隔板之后，粒子能够多次回到原来的体积 V 之内。但你需要等待很多个宇宙的寿命才能看到这种事情发生。然而，系统的熵是由变量（E，$2V$，N）决定的，而它们是不随时间变化的。因此，熵也不会随时间变化。

停下来想一想

麦克斯韦的妖精（Maxwell's demon）有本事让高速分子走向一边，让低速分子走向另一边，于是他便可以用这种方法降低气体的熵〔麦克斯韦还有另一个妖精，见 Ben-Naim（2015a）〕。如果你熟悉这位妖精，试着做下面的思维实验。考虑这个妖精的一个更简单的形态，我们不妨称他为耐心之妖。他就坐在一个隔开两个小室的隔板旁边。这个妖精耐心地等待，目睹咱们的宇宙多次历经生死。只要他一见到所有的粒子都跑到一个小室里，他就把窗口关上，自己睡觉去了。气体的熵下降了没有？这是否违背了第二定律？

作为这一节的结尾，我们可以说，运动方程的可逆性和热力学明显的不可逆性之间的冲突只是表面上的。如果我们逆转了一个动力学系统内所有粒子的速度，所有的分子都将回溯它们的路径，我们将观察到初始状态。在这一刻，系统的分子状态是与初始状态不同的。在这个新的状态下，所有粒子的位置都与初始状态时相同，而粒子的速度是不同的，因为每个粒子的速度的方向都与原来相反。从这里开始，粒子的随机运动将接管大局，大数定律将占据统治地位。作为整体的系统将继续走向概率较大的状态，而这个状态（或者这些状态）将会以变量（E, $2V$, N）为标志，也就是说，粒子将在此占据整个体积 $2V$。

5.10 熵会摧残任何事物吗

我们曾在1.10节中有过"时间的摧残"这样的表达方式，书写有关时间问题的作者们经常使用这种方式。我在那一节中便曾写道，只要人们明白，有关这个表达式存在着许多过程，如衰变、凋谢和死亡，这些都是我们经常看到随着事件发生的情况，则使用"时间的摧残"这个表达式就没有任何问题。然而，自然界从来没有一条定律，说时间总是在摧残各种事物；时间也可以是建设性的，如生命的诞生，智慧的积累以及其他许多随着时间发生的事情。换言之，我们可以用修辞的说法，说时间有时候摧残事物，有时候有建设性。这就相当于说，我们有"倒霉的时候"，也有"幸运的时候"。而时间本身既不好也不坏。

当我们谈论熵的摧残时，情况是非常不同的。"熵的摧残"这种说法总是带有负面含义。这是多重混淆的结果：

1. 混淆了熵与时间；

2. 混淆了熵与无序；

3. 混淆了第二定律和走向更加无序的倾向。

所有这些混淆的结合，导致了那种认为宇宙的熵总是在（随时间）增加的陈述，也就是说，宇宙的无序总是在（随时间）增加，因此熵将最终导致宇宙的热寂灭（完全无序，完全毁灭，一切都遭到了摧残——当然，全都是熵惹的祸）。

我认为〔亦可参阅 Ben-Naim（2015）〕，熵甚至比时间还更"无辜"。如前所述，当人们可以用修辞的手法说到"时间的摧残"时，人们无法对熵做出同样的指责。实际上，那些使用"时间和熵的毁灭"〔见塞费（Seife，2006）〕这个短语的人认为熵是首犯，然后才把时间牵扯了进来，因为他们认定，熵的变化是与时间箭头的方向相同的。

真实的情况是，熵并没有毁灭任何事物，也没有建设任何事物——熵根本什么都没做。如果人们用修辞的手法使用"熵的摧残"这个短语，这只能说明一件事：使用这个短语的人根本就不知道熵为何物。

5.11 结论

我们把关于熵和第二定律的这一章放进了一本有关时间的历史的书里，这并不是因为熵或者第二定律和时间有任何关系，而是因为熵和第二定律确实出现在与所谓时间箭头有关的科普书籍中（见第6章）。

我们已经看到，熵是在一个处于平衡状态的、有明确定义的热力学系统上定义的。这种系统的熵不是时间的函数。而且，人们没法就宇宙的熵说出任何东西，无论过去，现在，或者是将来。

与此类似，如果人们没有首先说清楚这份熵是属于哪个系统的，而只是一味宣称熵总是要增加，这种说法是毫无意义的。

人们可以发现，在许多科普书中有论及第二定律的陈述，并认为它在物理学定律中占据了一个特别的地位。

下面是一个典型的例子〔Greene（2004）〕：

> ……人们称之为热力学第二定律……但是请注意，这并不是一项传统意义上的定律，因为尽管这样的状况很稀有，甚至很可能根本不会发生，但有时候它们确实会从较高的熵的状态走向较低的熵的状态。

没错，第二定律的本质是统计性的。这不是一项说一不二的定律。

人们认为，所有的物理学定律都是说一不二的定律。如我们所知，存在着一些定律或者理论，人们发现它们无法应用于一些系统。在这种情况下，人们修正这些定律，或者用新的定律取而代之。然而，没有任何一项物理定律会允许出现例外。在这层意义上，第二定律确实与所有其他物理学定律不同。

那些读到了这样一条有关第二定律的陈述的读者可能会掩卷沉思，有一种第二定律要比所有其他物理学定律弱一些或者低下一些的感觉。所有的定律都是说一不二的，没有不遵守定律的情况，但第二定律是个例外。然而事情的真相是，第二定律远比任何其他的物理学定律更强。我过去便曾说过〔Ben-Naim（2008a）〕：

事实上，尽管人们公认第二定律具有非绝对性，但事实上，这种非绝对性要比任何物理定律宣称的绝对性更绝对。

图 5.26　哪间房间的熵值更高？

/ 6 /

时间史的历史

在这一章中，我们将评论近年来出版的一些讨论时间的历史、时间的理论和时间的解释的科普书籍。在评论某部特定著作时，我会检查书中的陈述是否有效，同时为读者提供我对这些陈述的个人观点。

我将从霍金的《时间简史》（以下称《简史》）这部著作开始，它或许是第一部在标题上出现了"时间史"这个短语的书。我对这本书的评论将是最详细的。第二本书是《时间更简史》（以下称《更简史》），是霍金对《简史》的修改简化本，出版于2004年，同时还加上了一位共同作者列纳德·蒙洛迪诺（Leonard Mlodinow）。我对这部书的评论将比第一本短得多。在这两本书之后，我还将评论另外两本讲述时间的历史的书，但"历史"这个词并没有出现在这两部书的书名上。

本章包括四节，每节讨论一部以时间为主题的书。你可以把这些小节视为长版的书评。然而我相信，这些评论远非寻常书评可比。我希望你也能学到如何带着批判的眼光去阅读任何由科学家书写的科学文本。

如果你对阅读本章不感兴趣，就让我为你提供一份我对这四本书的看法的简短总结好了：

1.《简史》。超过90%的篇幅与时间的历史无关。这90%以上的部分写得不太友好，非科学家的读者很难懂。余下的10%与时间有关，但大多数内容我并不十分认同。

2.《更简史》。这本书比《简史》稍好一些，主要原因是它删去了《简史》中大部分乱七八糟的文字。尤其是，在《简史》中那些与时间关联最大的地方被删去了，结果让这本书与时间的历史毫无关系。

3.《永恒》。我从来没有听说过、见过或者读过什么书像这本一样，书中毫无意义、愚蠢与荒谬的陈述如此之多，而且作者还把这些话一遍又一遍地重复，一直重复到永恒……

4.《起点与终点》。这本书问了两个问题，但书的大部分篇幅中讲的与这些问题无关。其中只有一小部分与书名相关，但到处都在夸大有关这些问题的答案对于我们的生活的重要性和深刻影响。我认为，科学永远不会对这些问题做出回答。而且，如果有回答的话，它们也不会对我们的生活有任何影响。

6.1 《时间简史》

这本书出版于1988年。至今全世界已有数以百万计的读者读过这本书。它在亚马逊网站还是一本畅销书，迄今，已经有一千多份评论发表在这个网站上，其中大多数（大约650份）给予高度正面的评价，称赞作者以简单的语言解释复杂问题的能力。也有一些评论者持负面意见（大约30份）。①

在我为了撰写这部书的准备过程中，我阅读了亚马逊上所有关于霍金的这本书的书评，其中包括高度正面的和高度负面的，以及在二者之间的书评。我自己的观点是，这本书行文并不太流畅，对现代物理学概念的解释（我不知道能不能用"解释"这个词来形容）有点杂乱，而最大的问题是，它并没有论及"时间的历史"，而最多只能算一份晦涩而且让人极难理解的"科学史"，而不是什么"时间史"。在这个意义上，书的标题完全是在误导读者。

当第二次阅读霍金的书时，我在所有的书页上分别标记了三种记号：

X——没有讲到时间的书页。

T——所有讲到时间，但却与时间的历史无关的书页。

HT——所有与时间的历史相关的书页。

这本书总共187页，其中164页上标记着X，21页上标记着T，只有两页上面标记着HT。因此可以说，全书只有大约1%的内容是忠于标题的。它大部分叙述的是科学的历史，其中强调得最多的是现代科学史。

对那些熟悉现代科学的人来说，这本书中没有任何新东西。在书中开始提出的那些重大问题中，大部分一直到最后都未能解答。另一方面，外行读者则完全无法理解这本书。作为例子，我将在下面引用几个我不知道它说了些什么的段落。尽管我十分尊重作为科学家的霍金，但我相信，由于撰写了这样一本书，霍金

①　此段中作者提到的网站数据是在作者写作年份美国亚马逊网站的评论数，与现在国内亚马逊网站的数目不同。——编者注

深深地伤害了科学。

在书的致谢部分，霍金解释了他撰写这部书的动机。他写到驱使他钻研宇宙学的一些重大问题，比如：

> 宇宙是从什么地方来的？
> 它是怎样开始的？为什么会开始？
> 它会走向末日吗？如果会，它将如何走向末日？

他补充说，大部分现有的书籍没有处理这些问题，这就是他为什么要尝试写这部书。

但令人遗憾的是，尽管这确实是一些重大问题，但科学却没有，很可能也无法回答这些问题。在这种意义上，这本书没有完成其目标。

霍金也提到了温伯格（Weinberg）[①]的《最初三分钟》(*The First Three Minutes*)，称其为一本不可多得的好书。有关温伯格的著作，我对霍金的观点不敢苟同。之所以如此，原因在于专业词汇表中写下的东西：

> 熵：统计力学中的一个基本量，与一个物理系统的无序度相关。在任何一直保持热平衡的过程中，熵的数值持续守恒。热力学第二定律声称：在任何反应中，总熵值永远不会减少。

[①] 史蒂芬·温伯格，美国理论物理学家，1979 年诺贝尔物理学奖得主。——译者注

这些句子中没有一处是正确的：熵并不与无序度相关〔有关例子见Ben-Naim（2012）〕。熵不会在任何一直保持热平衡的过程中守恒。〔我在Ben-Naim（2015）中给出了一些例子，在其中的一些热平衡的过程中，熵或者增加或者减少。〕而总熵值（什么的熵？）在任何反应中都不会减少，这一点也不是真实的。在许多反应中熵都会减少。

我在这里引用温伯格书中的文字，目的并不是批评他的书，而是因为霍金在他的书里对熵说了类似的话，那些话不准确，甚至会误导读者。我将在本节稍后讨论这方面的例子。

卡尔·萨根（Carl Sagan）是一位杰出的科普作家，他为霍金的书写了一篇前言。他以一份重大问题的清单作为开始，这些问题与霍金罗列的问题类似，但随后他更具体地描述了霍金的书都说了些什么：

> 这部书涉猎广泛，非常有趣，它也让我们得以一瞥作者头脑中的工作。这本书清晰地揭示了物理学、天文学、宇宙学和勇气的前沿。

我们可以从这一段引言中清楚地看出，萨根意识到，这部书并不是有关时间的历史的！至于作者头脑中的工作，这本书让人瞥到了几眼不太吸引人的、让人不那么舒服的风光。

而且，除了这个清单中罗列的题材，萨根还说：

> 这也是一部有关上帝的书……或者是有关上帝不存在的书。上帝这个词在书中随处可见。

很清楚，萨根必定意识到了霍金这本书的精髓是什么：从科学家有关宇宙的猜测，到上帝在宇宙创造中的参与，但有关时间的历史则寥寥无几。

从现在起，我将分别评论这本书的每一章。

第一章：我们的宇宙的图像

这一章以一些"重大问题"开始："时间的本质""宇宙是从哪里来的？""宇宙有起点吗？"，以及"它会有一天终止吗？"。

随后作者声称，物理学最近的一些突破"提出了对这些由来已久的问题的答案"。但他立刻承认，在这些答案中，有些可能是正确的，有些可能是可笑的，而"只有时间（无论这两个字意味着什么）能够告诉我们真相"。于是，作者在开始时燃起了读者对书的期待，但接着便承认，科学迄今还远远未能对这些"重大问题"提供任何确定的答案。

从这一点开始，这部书剩余的大部分都在叙述从亚里士多德到托勒密（Ptolemy）到哥白尼（Copernicus）到牛顿以及牛顿之后的科学历史，接着就悄悄地转入了宗教，以及有关时间起源的哲学思想。

作者在第8页声称：

> 正如我们即将看到的那样，在宇宙开始之前，时间的概念毫无意义。

这本书一再讨论这一想法，但在任何地方，作者都没有像他承诺的那样证明，时间这个概念在宇宙开始之前没有意义（如果确实曾有这样一个开始的话)。

作者的主要论据基于爱德温·鲍威尔·哈勃（Edwin Powell Hubble）[1]于1929年的一项观察结果，即遥远的星系正在迅速地远离我们，也就是说，宇宙正在膨胀。在某个遥远的时刻，所有这些星系的相互距离更近，得到这个结论是合乎逻辑的。但接着，宇宙学家们推广了这个想法，一直把它远远地推导到许多亿年前。这样的推导是很危险的。图6.1显示了几个画在一个气球表面上的星系。这是用来表明空间（以气球的表面代表）正在膨胀，同时星系间的距离正在增加的常见方法。现在，如果我们将时间向回推导，我们或许正在简单地逆转宇宙的照片的次序，并"预言"它过去的形象（倒推），见图6.2。然而，这样的外推我们只能做到某种程度。在遥远的过去，当我们认为宇宙中的一切都收缩到了非常小的一个区域时，我们不知道还有哪些自然定律还在起作用。有时候，人们甚至谈论这样一个时刻，那时整个宇宙都收缩成了一个独一无二的小点，物质和能量的密度在那里达到了无限大。

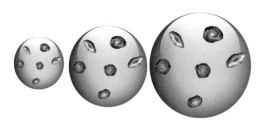

图6.1　膨胀的宇宙显示在一个球体的表面上。当这个气球膨胀时，星系间的所有距离都在增加

_____

① 1889—1953，美国著名天文学家。——译者注

图 6.2　宇宙的膨胀（如图 6.1 所示）的逆转

　　真实的情况是，就连缩小到一个单独的小点之前的宇宙会如何表现我们都不知道。我们不知道，物理学的哪些定律还会在这样的极端条件下起作用。很可能，在达到这样一个无限密度之前，相对论和量子力学就全都无法应用了。

　　霍金也承认，在这种极端条件下，所有的物理学定律或许都崩溃了，因此我们无法真正地倒推从现在回溯几十亿甚至上百亿年前发生了些什么。对于时间是在大爆炸中开始的这一点，人们完全没有任何把握，也许可以说时间是在大爆炸的那个时刻开始的。有些物理学家甚至声称，就连提出"在大爆炸前发生过什么"这个问题都毫无意义，而霍金本人正是上面所说的这些物理学家中的一个，他曾这样说道：

　　　　正如我们即将看到的那样，在宇宙开始之前，时间的概念毫无意义。

　　我很怀疑，这样一种说法是否真的具有意义。我认为，人们应该可以针对时间开始之前的情况提出问题，说这样的问题毫无意义，这种说法比人们的这些问题毫无意义得多。

　　有人曾经问圣·奥古斯丁（St. Augustine），上帝在创造了宇宙之前做了些什么，圣·奥古斯丁对此未做回答。他的沉默带有深意，其中意味着别的什么东西——上帝正在为这样提问的人准备地狱。然后他说：时间是上帝创造的宇宙的一种财产，而在宇宙开始之前，时间并不存在。

除了有关"正如我们即将看到的那样……"（见上面的引言）的承诺，霍金现在声称：

> ……如果宇宙正在膨胀，则它必定有一个起点，而且或许会有存在起点的物理学原因。

但这些物理学原因究竟是什么呢？

> 人们仍然可以想象，上帝在大爆炸这一时刻创造了宇宙……一个膨胀中的宇宙并不能排除它有创造者，但这确实为上帝可能在什么时候实施了这一工作设定了极值！

人们很难接受这是什么"物理学原因"，而上面引用的整段话我认为不应该出现在一本科普书籍中。

于是，物理学定律在上百亿年间一直在起作用，甚至在这样极端的密度下仍然有效；而且，有关大爆炸（以及大收缩）存在的整个论据全都基于这样令人难以想象的猜测。我们对这一切一无所知。我们甚至无法信任任何理论——那些备受吹捧的"万物理论"也不例外——我们完全不知道，它们能不能在这样的极端条件下应用。我们没有任何方法证实或者否证。

在下面的内容中，霍金说，为了讨论宇宙是否有起点或者终点的问题，我们必须弄清什么是"科学理论"。这一点当然是正确的。正如霍金承认的那样：

> 任何物理学理论都总是暂时的，因为它只是一种假说，你永远也无法证实这个理论。

当我们试图用一种物理学理论去预测宇宙遥远的未来或者倒推它遥远的过去时，这自然更是至理名言。但我认为，作者在整本书中并没有足够强调这一点，后面各节中将要讨论的其他几本书也没有这样做。

作者下面的说法我也难以苟同：

> 科学的最终目的，是提供一个能够描述整个宇宙的单一理论。

我无法确定人们是否能够建立这样一个理论。即使有一天，人们建立了这样一个关于"整个宇宙"的理论，我们也远远无法弄清，这样的理论是否可以应用于我们从未在宇宙中"经历过的"极端条件。我们永远也无法确认，任何物理学理论是否能够不随时间变化，甚至即使在极端条件下也不会彻底崩溃。

就我个人而言，只要能够解决一个小问题，或者一个微不足道的问题，我也总是会感到深深的满足。与一个小问题角斗和找到这个问题的解答，这种感觉令人沉醉。与氩在别的液体中的溶解熵相比，氩在水中的溶解熵是非常大的负值。在我的博士论文中，我试图理解为什么会有这种情况（见第5章）。这个问题并不是一项有关天下万物的宏大理论的一部分，然而，当我找到对这种现象的解释时，我还是感到深深的满足。我想在这里说的就是：我不相信所谓"科学的目的"是要提供一个单一的理论。我会对不同的问题有不同的理论而高兴。

第二章：空间与时间

在这一章中，作者专注于有关时间的想法的历史：从亚里士多德一直到牛顿有关绝对空间和时间的想法，接着是抛弃了这一想法的爱因斯坦理论。换言之：

> 相对论终结了绝对时间的想法！

这个说法在整章中重复了好几次。这一章以下面的文字结束：

> 罗杰·彭罗斯（Roger Penrose）和我证明，爱因斯坦的广义相对论意味着宇宙必定有一个起点，而且可能有一个终点。

我很怀疑，有人能够根据任何物理学理论证明这种说法。事实上，霍金在下一章中承认，人们无法通过广义相对论预言有关宇宙起源的任何情况。

尽管这一章各页上标记着符号 T，意思是它们谈论的是时间，但除了最后一个自然段处理的是时间的可能起点之外，这一章中完全没有关于"时间的历史"的任何内容。

第三章：膨胀中的宇宙

从本质上说，这一章叙述了同一个宇宙膨胀的故事，以及时间的开始问题，等等。本章开头描述了多普勒（Doppler）效应，以及哈勃的发现，即星系离我们越远，它们离开得就越快。然后就是对弗里德曼（Friedmann）的模型的广泛讨论。以两项基本假设为基础（宇宙的同质性和各向同性），弗里德曼的结论是：宇宙的最终命运有三种可能性。他用空间可能表现的三种形式解释它的可能命运：

（1）空间"是自身弯曲的"；

（2）"空间向另一个方向弯曲，形如马鞍表面"；

（3）"空间是平坦的（因此也是无限的）"。

霍金对这些模型的描述非常令人费解。我认为，在阅读了这几行文字之后，很可能不会有任何外行能理解有关弗里德曼的三种可能模型的任何概念。

随后是对彭罗斯和霍金理论的广泛讨论，对此我觉得完全无法理解——以下是结论：

> 随着实验与理论的证据越来越多，人们越来越清楚：根据爱因斯坦的广义相对论，宇宙必定曾经有过一个时间上的起点。这一证据说明，广义相对论只是一个不完整的理论：它无法告诉我们宇宙是如何起源的，因为它预言，所有的物理定律，包括相对论本身，都将在宇宙起源的时刻崩溃。

这个结论很清楚。实际上，它让同一章以前各段中的大多数解释归于无效。没有哪一项理论能够告诉我们"宇宙是如何开始的"。在这种人们认为会在宇宙开始时（如果存在着宇宙的开始的话！）存在的极端条件下，人们无法信任任何理论。那么，告诉外行读者这些不完全、不可靠的理论，以及这些理论的结果，这一切又有什么意义呢？

下面是这一章的最后一段评论。作者在第46页写道：

> 许多人不喜欢时间有起点这个想法，或许是因为这样说有点像神灵的干预。

我不同意这种猜想。我个人不喜欢时间有起点的想法，但并不是因为这可以暗示着"神灵的干预"。我认为我们无法信任任何物理学理论，认为它们可以预测时间的起点或者时间的终点，即使这个理论能够囊括一切。

第四章：不确定原理

这一章讨论量子力学中的某些方面，包括双缝实验，波尔（Bohr）的原子模型，波粒二象性，以及不确定原理，但作者对于其中任何一项都陈述得不够好，或者解释得不够好——完全没有说到时间的问题，当然也没有任何涉及时间的历史的东西。

物理学中有关不确定性的故事并不是从海森堡（Heisenberg）构想量子力学中的不确定原理开始的。

早在18世纪，牛顿、拉格朗日（Lagrange）、汉密尔顿（Hamilton）和其他许多人一次又一次地构想了运动方程[①]。这些方

[①] 牛顿运动三定律是牛顿在1687年出版的科学巨著《自然哲学的数学原理》（*Mathematical Principles of Natural Philosophy*）中首次构想的，当时是17世纪。——译者注

程变得如此完美，以至于拉普拉斯（Laplace）得出了"宇宙是可以完全确定的"这样一个结论。拉普拉斯断言，一旦能够确定宇宙中所有粒子的一切位置和速度，这份信息将允许人们预测宇宙的未来，也就是说，宇宙是完全可以预测的，或许人类的行为也同样如此。

不幸的是，即使在运动的经典方程臻于完美之后，人们仍然不清楚，他们是否可以做出这样的预言。

首先，人们需要有关宇宙中所有粒子的一切位置和速度这样庞大的数据，而且需要所有这些粒子之间的相互作用的定律。人们无法想象，什么样的机器能够对付得了如此庞大的数据。事实上，为了准确地预测将来，人们将需要无限精确的数据。在预测过程中，任何有限精确的数据都会发生误差的积累。这就是为什么要创造所谓的拉普拉斯妖精（Laplace's demon），因为人们认为这样一个妖精可以做这种计算。即使有这样的妖精存在，他也必须记录他自己的粒子（因为人们假设他也是由粒子组成的），而且也需要预测他自己的变化和自己的计算造成的结果。

其次，即使存在这样一个妖精，而且他可以使用所有的数据并计算宇宙的未来与过去，人们也不清楚这样的预测可以走多远。物理学的经典理论中（或者在量子力学中）没有任何东西能够保证，粒子之间相互作用的定律不会随着漫长的时间变化。

最后，运动的经典方程以及量子力学的方程是否能够应用于人类的行为，或者应用于其他生命形态，这一点我们还远远不清楚。

所有这些，都在经典物理学对未来的预测能力上投上了浓郁的让人怀疑的阴影。事实上，即使在量子力学的不确定原理让拉普拉斯妖精进入沉睡之前，怀疑的阴影就已经存在了。此外，量子力学具有与生俱来的不可预测性。人们可以预测的一切只是事件发生与否的概率。

第五章：基本粒子

这是可以归入"科学史"的另一章，但它现在关注的是从德谟克利特（Democritus）①，一直到基本粒子（它们比所谓"不可分割的"原子小得多）的现代理论。请注意，物质的"可分性"与可以把同样的物质分成小份，这两者具有不同的概念。德谟克利特的想法是，如果我们持续不断地切开某种东西——不妨以铁为例，我们会得到越来越小的铁块，但这个过程将在我们得到最小的铁块时终止，这就是一个原子，它是不可分的。现在我们知道，这些原子实际上还是可以继续分割的，但不再是更小的铁，而是更小的实体，人们称它们为基本粒子。我们能够在原子内部挖掘，但我们能够向前走多远或者多深，能够找到多么小的粒子，对此我们永远都无法弄清。

这一章继续讲述我们已知的四种自然力——引力、电磁力、弱核力和强核力。所有这些都是非常有趣的基本粒子物理的题材，但它们并不属于时间史的范畴。

在接近这一章结尾的地方，我们可以看到一个有关C、P、T对称的简短讨论。对称C指的是粒子与反粒子有同样的物理学定律，对称P指的是这些定律对于任何条件和它的镜像都相同，对称T则声称，物理学定律应该无论在时间向前或逆行时都等同。这是说到了时间的唯一一处，但与时间的历史无关，而是与涉及

① 公元前460—前370，希腊哲学家，曾提出物质的原子理论。他猜想一切物质都具有"粒子"性。——译者注

时间的对称有关。最后，我读到了我最不能认同的一段陈述：

> 当然，早期的宇宙不遵守对称 T：当时间向前进时宇宙
> 在膨胀，而如果时间倒流，宇宙将会收缩。

我无法理解这句话：为什么时间向前与宇宙的膨胀相关，而时间倒流则与宇宙的收缩相关。我认为，在同一个时间方向上，宇宙可以膨胀、收缩或者做任何它想做的事情。我完全搞不清楚"时间向前"或者"时间倒流"的含义。我猜测，作者也意识到这种叙述十分古怪，因此在修订的版本（《更简史》）中删去了这段陈述（见6.2节）。

第六章：黑洞

这一章与时间的历史全然无关，也没有对有关时间的想法的历史做出任何贡献。

"黑洞"（BH）这个术语是约翰·惠勒（John Wheeler）于1969年杜撰的。有关黑洞我们所知极少。人们无法在黑洞上做实验。我们只能通过我们的仪器"感知"它们对其他粒子的引力，进而感知到黑洞。

人们撰写的有关黑洞的大部分东西都是极富推测性的。彭罗斯发现，根据广义相对论，"黑洞内必定存在着一个具有无限密度和时空曲率的奇点"。

无论"无限密度"指的是什么，人们现在都还全然无法知道，我们是否能够在这样的奇点应用任何已知的物理学理论。事实上，作者承认：

在这样的奇点上，科学定律与我们预测未来的能力都会崩溃。

崩溃的还不仅是对将来的预测，对黑洞形状的任何预测可能都毫无意义。

这一章的其他部分特别不易理解。其中包括各种我弄不清意思的陈述。

彭罗斯提出：

"宇宙审查制度假定"可以改写为"上帝憎恶赤裸裸的奇点"。

我也憎恶它！

第89页：

任何落入黑洞视界的东西或者人，将很快进入无限密度与时间终点的区域。

我能够想象任何一个落入黑洞的事物或者人会发生些什么。我当然不敢接近一个黑洞，但我无法理解，为什么那件东西或者人会到达时间的终点（如果所谓时间的终点确实有任何意义的话！）。

第七章：黑洞并非如此之黑

这一章是本书中我最不认同的内容。首先，其中所说的有关黑洞的事情让人无法理解。其次，其中几乎没有任何与时间的历史有关的内容。最后，其中还强加了有关熵、黑洞的熵和第二定律的许多混乱陈述。对不知道熵为何物的外行读者来说，它对熵给出了令人困惑和扭曲的不正确描述。对那些熟悉熵的概念的人，它会给人带来一种深刻的印象，就是作者本人并不明白熵和第二定律究竟是何物。

如果你在疑惑我是怎样得到这个结论的，这里就是证据：所有这些不知所云的想法都在《更简史》中被删去了（见6.2节）。下面是一些例子：

> 黑洞的面积不会减少，这种性质很容易令人想起一个叫作熵的物理量，熵是对一个系统无序程度的度量。如果我们把什么东西丢在一边不加理会，我们通常都会发现，这些东西的无序程度倾向于增加。（我们只要不去修理房子就可以注意到这一点！）我们可以从无序中创造有序（例如，我们可以粉刷房子！），但那要求我们花费气力或者精力，结果就减少了可供使用的有序能量的数量。

首先，熵不是一个系统的无序程度的度量〔详见第5章和Ben-Naim（2008, 2012, 2015）〕。文献上时常出现对熵的这种描述，但它不应该出自像霍金这样一位杰出的科学家之手。

第二，如果我们把什么东西丢在一边不加理会，它们的无序程度往往会增加，这并不是我们通常会经历的情况。我曾出国旅行，把公寓锁了整整一个月没有管，什么修理都没做。当我回来时，我没看到任何无序程度增加的迹象。〔见我的书，Ben-Naim

（2015）第2章开始时的图〕。当然，我没有注意到，当我把我的公寓丢下不管时，"它的熵"有所增加。

把什么东西丢下不管就会让它变得无序，这种想法不仅不是事实，而且也与熵无关。有些书告诉你，一个孩子的房间如果不管就会变得更混乱。事实是，房间的有序或者无序与房间的熵并无关系。所以，这种陈述不但让已经十分混乱的熵的含义更加混乱，而且加深了围绕着熵这个概念的神秘色彩。

第三，粉刷房屋并不能从无序中创造有序。

我也不知道什么叫作"有序能量"。我觉得不会有任何外行读者知道它指的是什么。

最后，我所引用的这一段的第一句话非常有误导性。当我写这本书时，只要我不断地写下去，我在这些书页上加入的字母数量就会增加。这不会让我想起熵的行为。我可以举出许多事物的数目增加（或者没有增加）但和熵毫无关系的例子。请注意，我写下的字母或者单词的数目永远不会减少。即使我用橡皮擦掉了一些字母或者把整本书烧掉，我写下的字母的数目也永远不会减少。我一生中走过的路也是同理——它只会增加。即使我倒着走，我走过的里程数也只能增加。我临死时它达到最大值。所有这些与熵或者第二定律毫无关系。

熵本身既不会增加也不会减少。在某些过程中，在有明确定义的系统中，熵既可以增加也可以减少。

在第102页的一个自然段（如下）中，我们可以发现：

人们称对这个想法的一个准确陈述为热力学第二定律。这个定律说，一个孤立系统的熵总是增加，而且当两个系统合在一起时，联合系统的熵大于分别测得的两个系统的熵的总和。

我们假定，"这个想法"指的是在上一段中表达的想法，但它与第二定律毫无关系。

第二定律的一种准确陈述如下："在一个具有固定能量、体积和总粒子数的孤立系统中，我们去掉任何内部限制之后——比如两个小室中间的一道隔板——熵将增加或者保持不变。"而且，一般地说，联合系统的熵大于两个系统各自的熵的总和，这种说法并不准确。〔更多的细节见 Ben-Naim（2012, 2015）。〕

作者在第 103 页讨论了两种气体的混合。在这个特别设定的混合实验中，熵确实增加了；见图 5.25a。然而，作者并没有理解，熵的正变量并不是由无序度增加造成的。作者本来应该知道这一事实，即系统的熵的改变并非由于混合，或者由于无序度的变化。〔详见 Ben-Naim（2008, 2012, 2015）。〕

图 6.3 所示是两种气体的混合。然而，这个系统的熵并没有改变。图 6.4 所示的是一个自发的分层过程，其中熵的改变是正值。

文献中有大量内容将第二定律构想为系统走向更加无序的倾向，但事实上并不存在这样的定律。无序不会驱动一个过程，这跟车厢不会驱动马匹非常像，尤其是不带方向盘的车厢。正如我在更专业化的书中解释的那样，第二定律下面隐藏着的"驱动力"是概率，而不是无序。

下面是另一个极为古怪的陈述。如果我们把"某种熵值很高的物质，比如一盒子气体，扔进一个黑洞"，将出现什么情况呢？"黑洞外的物质的总熵会减少。"

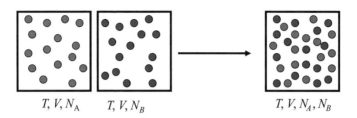

图6.3 混合两种气体，但熵没有改变

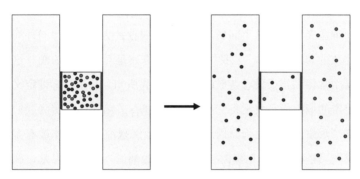

图6.4 两种气体的自动分层，其中熵的变化是正值

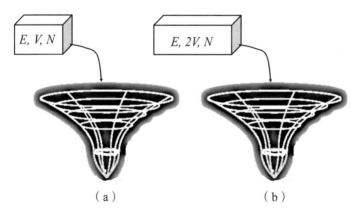

（a）   （b）

图6.5 （a）把一个熵值较低的盒子丢进一个黑洞；（b）把一个熵值较高的盒子丢进一个黑洞

图6.5通过图解显示了两个过程。在左边的图中，我们把一个装满气体的盒子扔进了黑洞，气体的熵为$S(E, V, N)$。在右边的图中，我们把一个大些的盒子丢进了黑洞，盒子中带有同样的能量和同样数目的例子，但体积是前者的二倍。第二个盒子的熵是$S(E, 2V, N)$，是$S(E, V, N)$的2倍。我猜测这就是作者说的"某种熵值很高的物质"。现在，"黑洞外"的熵，"黑洞内"的熵，或者整个宇宙的熵会怎么样呢？

谁也无法回答这个问题。我完全不明白，为什么"黑洞外面的物质的总熵会减少"。我相信，这一陈述是对"宇宙的熵"这个老生常谈的错误概念造成的结果。就我所知，从来没有谁定义过宇宙的熵，而且我觉得它是无法定义的。作者承认，因为我们无法"观察黑洞的内部，因此我们看不到在黑洞内部的物质有多少熵"。这一陈述是正确的。我们没法看到熵。他的意思是，我们无法测量一个黑洞的熵，或者是我们无法计算一个黑洞的熵。（为了避免产生误解，我应该在这里考虑懂得熵的定义的读者，为他们做出一点澄清。我说霍金或许有个"口误"。事实上，如果你阅读全章，你会意识到，霍金相信熵是无序的一个度量。有序与无序是能看到的。所以，"我们看不到黑洞内的物质有多少熵"，这一陈述可能并不是口误。这是霍金错误地理解了熵的意义的结果。熵其实是看不到的，无论在一杯水中，或者在宇宙中，或者在一个黑洞中。）

然后，作者发表了个人的意见，就他最初关于黑洞中的熵的考虑，以及他如何改变了观点的情况做了解释。对我来说，整个故事听上去像一系列荒谬行为的记录。如果你做出了一个荒谬的假定，你就会得到一个荒谬的结论。幸运的是，这个故事和这一章的其他部分都在《更简史》中被删去了。

这一章的最后一部分讨论了某种被称为"原生黑洞"的东西（不用理会这是什么意思）：

> 像现在看上去的那样，对原生黑洞的搜索似乎很不成功，这将为我们提供有关宇宙非常早期阶段的重要信息。

然后就是一串"如果"，接着是一个断言，认为只有在那时候，人们才能解释为什么许多原生黑洞是无法观察到的。我阅读了这一段落，这让我有一段时间完全处于昏迷状态。

这一章以这样一个异乎寻常的承诺作为结束：

> 我们将会看到，尽管不确定原理为我们的一切预言的准确性设置了极限，但同时，它或许也让对于时空奇点上的基本的不可预测性不复存在。

那就让我们等着瞧，看看以后各章能够就时空奇点告诉我们些什么吧。

正如我们能够证实的那样，这一承诺在这部书的任何部分都没有兑现。

第八章：宇宙的起源与命运

作者在第一自然段中提出的问题紧扣<u>时间</u>的历史：

> 宇宙是否真的有起点与终点？如果有的话，它们是什么

样子的？

但这一章并没有告诉我们，宇宙究竟有没有起点或者终点。当然，它也没有对毫无意义的第二个问题做出任何回答。

我对第一个问题的回答很简单：谁也不知道宇宙究竟有没有起点和终点。我也相信，永远也不会有人知道这个问题的答案。无论我们的理论何等精细、经历了多少研磨，我们永远也无法断定，这些理论是否可以应用于我们的宇宙经历自己的起点与终点的时刻，那时它面临的条件如此极端。

我不会尝试回答第二个问题，这个问题我甚至无法理解 ——除非有人能够"穿越时间"旅行，拜访宇宙的起点与终点，他才能够告诉我们那些时刻会是什么样子。

我们在第117页读到：

> 就在大爆炸发生的那一刻，人们认为宇宙的大小是零，而且因此无限热。

我可以想象一个零尺寸的宇宙是什么样子。但是我无法想象一个无限热的零尺寸宇宙会让我们觉得是什么样子。我可以想象迅速升高的温度，但无限高的温度超出了我的想象能力。所有这一切温度无限高的事物都集中在一个零尺寸的宇宙之内。我认为温度是粒子的平均动能的度量。无限高的温度必定对应于粒子无限高的平均速度。但所有这些粒子都被限制在一个零尺寸的空间之内？难道这一点符合人们广泛接受的事实，即任何物体的速度都无法超过光的有限速度吗？我很怀疑，不知道这些问题是否对研究早期宇宙状况的宇宙学家们有任何意义。不管怎么说，我毫不怀疑，这种讨论不应该出现在一本针对普通大众读者的书中。

这一章的其余部分是关于大爆炸时刻的许多标准猜测 —— 是对那些在大爆炸发生后几秒钟或者几百年或者几千年内发生的事件的猜测。作者在其中一个地方承认："随后发生的事情我们不完全清楚……"这一点足够坦率。然而，它给人们留下了一个印象，就是在此之前发生的事情作者是完全清楚的。

然后，我们在第121页看到了一个未能回答的问题的清单：

1. 早期宇宙为什么这么热？

2. 为什么宇宙在大范围内如此均匀一致？

3. 为什么宇宙以如此接近临界膨胀速率的速率开始膨胀？

4. 这一密度涨落的起源是什么？

我可以加上许多这类"为什么"。

此后不久，作者承认，广义相对论本身无法解释这些特点，或者回答这些问题。如果这是真的，为什么要在一本有关时间的历史的书中提出这些问题呢？

正如作者承认的那样，人们认为宇宙曾经无限热。但这只是一个推测。或许只不过是来自一份可能在大爆炸时无效的理论的数学结果。如果你不知道宇宙是不是非常热，那么，提出"早期宇宙为什么这么热"这样一个问题似乎意义不大。

此外，我也不太赞赏作者提到上帝的一些段落：

> 最开始时，这些定律很可能是由上帝制定的。
>
> 一个可能的回答是，上帝选择了宇宙的最初构型。
>
> 上帝可能知道宇宙是如何开始的……

自然界中的事件并不是按照某种强行制定的方式发生的，而是反映了某种内在的秩序，它或许会、或许不会受到神灵的启示。科学的整个历史就是一部逐步意识到这一点的历史。

很遗憾，对于这一段我并不是非常赞同。

这一章的其他部分充斥着毫无意义又无法理解的胡言乱语，从"存在着无限多的宇宙"这一想法开始，接着又突然插入了人择原理（"我们看得到以这种方式存在的宇宙，因为我们存在"），随后是强烈的人择原理。而在所有这一切当中，最离奇的是有关虚时间的讨论。我们可以在第138页中读到：

只有当我们根据虚时间画出图像时才会出现奇点。

然后是第139页：

这或许说明，所谓虚时间确实是真实的时间，而我们所说的真实时间只不过是我们想象中的虚构。

哪一个是真实的，是"真实时间"，还是"虚时间"？这只不过是一个关于哪种描述更有用的问题。

我并不这样认为。真实时间的真实源于它的定义，而不是其有用的程度。

霍金应该知道，虚时间与真实没有一丝关系！事实上，谁也无法想象虚数。人们称这些数字为虚数，但事实上，它们是无法想象的非实数。

人们应该告诉外行读者，虚数用在一个叫作复变函数论的数学分支上。这是一个优美的数学分支，在物理学中有广泛的应用。在物理学中，特别是在量子力学中，虚数具有重要的地位。然而，在任何时候，尽管这些数字可以在物理学中应用，但最终，当需要把一个包含虚数的结果转变成真实的实验结果时，使用者必须用实数来表示这个结果。原因很简单。虚数的基本单位的定义是 -1 的平方根 $\sqrt{-1}$。这个数值不是一个实数，人们无法用任何包含 $\sqrt{-1}$ 的数字与实在的实验结果相比较。

所以，有关"虚时间"的整个讨论和"哪种时间是真实的"这个问题是毫无意义的。霍金本来应该知道这一点。

我相信，这样愚蠢的讨论可能会对物理学家的名声以及一般而言的物理学产生潜在的危害。一位外行读者或许会轻而易举地得到一个错误的印象，认为物理学家是一伙在幻想中思考"虚"数的"真实性"的人。

下面是两个带有重要寓意的练习。

练习1. 通过多次掷骰子，我找到了骰子的1、2、3、4、5、6各面出现的相对频率。或许可以把这些频率视为不同结果的"实验"概率。现在用 p_i 标识得到结果i的概率。我告诉你，如果我对概率 p_4 做平方运算，即做 $(p_4)^2$，并加上分数1/16，最后得到的结果是1/8。p_4 的概率是多大？

这个问题很简单。你可以在注释7中看到答案。这个问题有两个解。你认为哪一个解是真实的？

下面是一个难度稍大的练习：

练习2. 我告诉你，我对 p_4 做立方运算，即 $(p_4)^3$，然后加上1/64，最后得数为1/32。概率 p_4 是多少？

这个数学问题有三个解（见注释7）。你将选择哪个作为真实的解？

做过了这些练习，现在让我们回去讨论有关真实时间和虚时间的深刻想法吧。我们可以感谢上帝（或许我应该感谢慕洛迪诺夫），因为所有这些结论都在《更简史》中被删去了（见6.2节）。

迄今，作者（已故）还没有兑现他在第七章结束之处做出的承诺。

在讨论这一章的结束部分之前，我想请读者们，为我解释一下下面这句话的意思。

> 掉进一个黑洞中的那位不走运的宇航员仍然面临着不愉快的结局；只有当他生活在虚时间中时，他才不会遭遇奇点。

这是否表示，如果他生活在真实时间里，他就会碰到奇点呢？

假如这个问题确有某种含义，那么我对其含义毫无头绪，不知道它指的是什么。我对任何愿意帮助澄清其意义的人表示衷心感谢。我也在此承诺，我将在本书的第二版中加入任何澄清意义的文字，尽管这与时间的历史无关（或许还是有关的？）。

这一章又多次提到了上帝……

> 空间与时间或许组成了一个没有边界的封闭表面，这一想法也对上帝在宇宙事务中的角色具有深刻的含义。

真的？

大部分人还是最终相信，上帝允许宇宙按照一套定律进化，他没有推动宇宙去违反这些定律。

我相信，上帝永远不会允许别人以他的名义发出这样的胡言乱语……

最终仍然必须由上帝上紧发条，决定如何让时间开始。只要宇宙有一个奇点，我们就可以设想有一个造物主。但如果宇宙真的是完全独立自给的，没有任何边界或者边缘，它将既不会开始也不会结束：它会自然而然地存在。那么造物主的地位何在？

霍金应该知道，上帝用六天时间创造了宇宙，但他并没有"上紧发条"。他根本没有时间这么干。现在已经到了星期五晚上了，他必须去参加正餐前仪式，然后他就必须在整个安息日（Shabbat）里休息[①]。

这样一段话应该放到一本神学书中（当然是造物主放进去的），而不应该出现在一本科普读物里。

第九章：时间箭头

整个这一章中的书页都以 T 标注，有些带有 HT（见这一节最前面的引言）。这就是说，这一章是与时间的历史关系最密切的一章，超过了这本书中的任何一章。尽管如此，外行读者或许

---

① Shabbat 是犹太教每周一天的休息日，从星期五日落延续到星期六日落，是上帝创世六日之后的休息日。——译者注

会发现，很不幸的是，几乎所有那些相关的材料都在《更简史》中被删去了。这样的删减让《更简史》差不多不包括任何与时间的历史扣题的内容（见6.2节）。

我要对外行读者说的是，在《更简史》中删去这一章的大部分内容，这是一个非常明智的决定。我猜想其中的原因，是作者（或者作者们）意识到，在这一章中写下的内容要比以前各章的内容更为荒谬，因此，很幸运地，他们决定一删了之。

我不会详细地讨论与批判写在这一章中所有的内容（我不认同的），这会骚扰读者。如果要这样做，我差不多需要把整整一章抄在这里，这将让本书的篇幅远远超出我的计划。反之，我将引用其中最丰富多彩的突出句子并加以评论，给读者留下品味的余地。享受吧，诸位！

第一自然段是从"绝对时间"（相对论之前）向"相对时间"（相对论之后）的转化。这一转化在这本书中已经讨论过不止一次。而且，我们也曾在第五章中讨论过C、P、T三种对称。我看不出有任何必要在这里重复。

第144页：

> 这就是说，在任何封闭系统内，无序或者说熵是永远随时间增加的。换言之，这是墨菲（Murphy）定律的一种形式：事情总是在变坏！

熵并不是无序，而墨菲定律也与第二定律毫无关系。

第145页：

至少有三个不同的时间箭头。

它们是：

1. 热力学时间箭头；

2. 心理学时间箭头；

3. 宇宙学时间箭头。

所有这些箭头都出现在《简史》这部书的索引中，但却神秘地在《更简史》的索引中消失。为什么？在《简史》中，作者差不多对时间箭头问题倾注了8页的篇幅，但在《更简史》中，几乎没有一句话说到这些箭头。为什么？

我认为，所有这些箭头都是作者的幻象。并不存在什么热力学时间箭头。热力学不存在任何箭头！

正如字面上所说的，心理学时间箭头是一个心理上的箭头。正如我们在第一章中讨论过的那样，我们有时感到时间走得非常快，有时感到它慢得可怕。有时候我们的时间过得很愉快，而在有时候又很不走运。所以，很清楚的是，存在着许多，或许是无限多的心理学时间箭头，而不仅仅是一个！每个人，甚至每只动物，都有许多心理学时间箭头，而不仅仅是一个！所有这些都与物理学毫无关系，而且当然了，也与时间的历史毫无关系。

最后，如果你愿意，你可以自己定义一个宇宙学时间箭头。但人们不应该把这个时间箭头与"宇宙正在膨胀而不是收缩的时间方向"联系起来。

这样一种联系导致一些人得出了结论，认为在宇宙膨胀期间，时间转向了时间箭头的方向，而在它收缩期间（如果它会收缩的话），时间将改变为与时间箭头相反的方向（无论这可能意味着什么）。

我将论证，生理学时间箭头是由热力学箭头决定的，而且这两个箭头有必要永远指向同一个方向。

这当然是一个荒谬的想法。根据我的理解，存在着无限多个生理学时间箭头（见上面的讨论），但却不存在任何热力学时间箭头！霍金居然能够用零个箭头决定无限多个箭头，这实在是一项了不起的成就。

但什么是热力学时间箭头呢？根据作者的观点（第145页）：

就是无序或者熵增加的方向。

然后作者问：

为什么无序增加的方向等同于宇宙膨胀的时间方向呢？

这段文字简直是莫名其妙。无序并不随时间增加！熵也不等于无序！

如果你每天买一张六合彩彩票，你几乎肯定会赔钱。如果把六合彩设计成有一个获胜数字和 $10^{10^{30}}$ 个白赔钱数字，我可以保证，你的财产会随时间递减。这并不意味着六合彩有一个时间方向。

而对"为什么无序会沿着时间的同一方向增加……？"这个问题，我可以立即给出一个答案。这个问题的答案等同于对下面的问题的答案："为什么美的增加方向等同于时间的方向？"

一个更好的问题是，"为什么愚蠢沿着时间的同一方向增加"？读者的任何回答都是合适的。

最令我感到无奈的一段出现在第146页。

假定上帝决定，宇宙应该在高秩序状态下终结，但那对于它在什么状态下开始不起作用。早期的宇宙或许会处于无序状态。这便意味着，无序将随时间减少。你将看到，打碎的玻璃杯会自己重新拼起来，并跳回桌子上。然而，任何正在观察这些杯子的人类将生活在一个无序随时间减少的宇宙中。我将论证，这样的人将有一个反向的心理学时间箭头。也就是说，他们将记得将来发生的事件，而不是发生在过去的事件。但杯子破碎的时候，他们会记得它们在桌子上，而当它在地板上时，他们将不会记得它们曾经在地板上。

在所有这些内容之后，作者承认："谈论人类的记忆非常不容易，因为我们不知道大脑工作的详细情况。"这是这一页中唯一清醒的一句话，它有效地让所有上面引用的段落归于无效。

在对心理学时间箭头的讨论结束之后。作者转而讨论"计算机的心理学时间箭头"。无论这可能指的是什么（只不过是空口白话！），为了引入这个虚构的时间箭头，作者援引的原因介于胡说与呓语之间。

我认为，假定计算机的箭头与人类的箭头一致，这是合情合理的。

"假定"计算机的箭头与我们人类的箭头一致，这不仅仅是"合情合理"的。它们实际上是完全等同的——都是虚构的箭头，都合情合理地等同于智能手机的箭头、电视机的箭头，还有那个正在追逐我的心理学时间箭头的蟑螂的箭头。

下面还有其他的谜语：

> 所以，我们对于时间的方向的主观感觉，即心理学时间箭头，是由热力学时间箭头在我们的头脑中决定的。正如一台计算机一样，我们必须按照熵在其中增加的次序记忆事物。这几乎让热力学第二定律成了微不足道的事物。无序随时间增加，因为我们按照无序增加的方向度量时间。你永远也找不到更可靠的选择了！

心理学时间箭头确实是主观的。然而，我们完全不知道我们的头脑是如何感受时间箭头的。我们也完全不知道热力学，尤其是熵和第二定律，是否与我们的头脑有任何关联。因此，有些人或许是以熵增加的次序"记忆事物"的，而其他人或许是以熵减少的次序记忆事物的，而有些人记不清熵是在"增加"或者是在"减少"！至于我自己，我承认，阅读这份引语让我失去了"我所有的熵"。

我完全同意第二定律是微不足道的，而且我曾在上一章中证明了这一点，更详细的证明见 Ben-Naim（2008, 2012, 2015）。事实上，我证明了，第二定律并不是一项物理学定律，而是一条有关常识的定律。第二定律与秩序的下降毫无关系，与（并不存在的）"无序增加的方向"也毫无关系。

而且，当然，对于这一整段引语的价值，"你再也找不到更可靠的选择了"。我刚好整理了我的书桌，使之恢复了秩序，而且我发现，我花了整整一个小时。我是否违反了霍金叙述的那种第二定律？

至于作者提出的那个问题 —— "到底为什么热力学时间箭头会存在？" —— 我的简单回答：热力学时间箭头根本就不存在。所以，这是一个毫无根基的问题！这就像是在问"到底为什么美的时间箭头会存在？"一样。

作者认为，最后一个问题等同于下面的问题，我完全不同意他的看法：

> 在时间的终点，即我们称之为"过去"的终点，为什么宇宙应该处于高秩序状态？

对第二个问题的回答与下面这个问题的回答毫无二致："在时间的一端，为什么宇宙应该处于高愚蠢状态？"任何回答都是可以接受的！

在第150页，作者承认他犯了一个错误（他开始时相信，宇宙再次崩溃时无序会下降）。接着他说：如果一个人在纸面上承认错误，这样做更好，会让人少一些困惑。这是在间接地恭维他自己。遗憾的是，作者未能承认的是，他在这一章中所说的一切几乎全都是错误的，或者连错误都算不上。《更简史》几乎删去了这一章的所有内容，这一事实相当于间接地、隐晦地承认了这一点。

我实在忍不住，作者又加了如下几条特别没有意义的句子：

> ……一个强有力的热力学箭头对于智慧生命的运行是必须的。
>
> ……智慧生命无法在宇宙的收缩阶段存在。
>
> ……智慧生命只能在膨胀阶段存在。

啊哈，现在我知道，因为我的时间箭头非常弱，所以我既不能在膨胀的宇宙中操作，也不能在收缩的宇宙中操作。这是何等凄惨的发现啊。

在这里，作者的叙述从愚蠢变得更愚蠢，直至最愚蠢。我欢迎来自读者的任何建议，可以让我们破译上面引用的这些陈述的含义。

第十章：物理学的统一

作者在第九章结尾的地方承诺，他试图在下一章解释，人们正在如何尝试将不完整的理论拼凑到一起……以便形成一项完整的统一理论，它将涵盖宇宙中的一切。

与他其他所有的承诺一样，作者也没有兑现这项承诺。他并没有尝试在第十章中找到一个物理学的统一理论，人们有时称其为万物理论（TOE）。

我发现这一章的大部分内容无法理解。在这里，作者又一次依赖上帝来回答物理学无法回答的问题；我也不喜欢这一点。

即使能够理解，这一章也与时间的历史全不相关。所以我将跳出这一章，讨论下一章。

第十一章：结论

我们发现自己身处一个令人困惑的世界。我们想要弄清楚我们在自己周围感受到的一切，并提出问题：宇宙的本质是什么？我们在宇宙中处于什么地位？宇宙和我们来自何方？为什么宇宙会以这种方式运行？

这是些非常美妙的问题。但不幸的是，谁也无法在物理学的范畴之内回答这些问题，这本书也没有为我们提供有意义的答案。而且，所有这些问题（以及它们的答案）和时间的历史又有什么关系呢？第173页，作者总结了这个理论与时间的历史相关的部分：

> 根据广义相对论，过去必定曾经有过一个密度无限大的状态，即大爆炸状态，那便将是时间的有效开始。与此类似，如果整个宇宙崩溃了，那么将来必定会有另一个密度无限大的状态，即大收缩，那就会是时间的终结。

在这里，从开始的大爆炸直到最后的大收缩，我们有了时间的整个历史。在这两个端点之间没有任何东西。外行读者应该知道这样一个事实，即这两个独特"事件"与时间相关；它们会在时间的两个端点上遭遇离奇的奇点；尽管如此，它们也只是基于一种数学理论。这些数学结果是否符合实际？即使在最佳情况下，这一点也令人怀疑。

说到这里以后，我不能不对作者锲而不舍的精神发表一番评论，因为他甚至在书的最后一句话中又再次祭出了上帝：

> ……为什么我们和宇宙会存在。如果我们找到了这个问题的答案，这将是人类理性的最终凯歌，因为那时我们将知道上帝的心思。

这确实是一个辉煌的想法：知道上帝的心思！

不幸的是，《更简史》重复了这句话。

6.2 《时间更简史》

作者在前言中披露了撰写《更简史》（霍金，慕洛迪诺夫，2005）的动机：

> 读者们不断地提出希望阅读新版本的要求，即想要一个保留了《简史》的精髓，但以更清楚、更轻松的方式解释最重要概念的版本。

我发现，作者们在这个句子中承认，这本书的原始版本（《简史》）不够清楚。

毫无疑问，这本书比原来有所改进，给出了更好的解释。

然而，具有讽刺意味的是，从《简史》到《更简史》，其中的篇幅减少几乎全靠删去了原作中原则上与时间的历史相关的题材，结果让这本书与其标题完全失去了相关性。一个更好的标题应该是"科学更简史",或者更好一点是"现代物理学简史"。

如果你比较《更简史》与《简史》的索引,你将发现,下面所有的题材都消失了:

时间箭头

熵和黑洞的熵

宇宙学时间箭头

生理学时间箭头

热力学时间箭头

热力学,第二定律的

时间,……的箭头

时间,抽象

作者们没有解释他们为什么在《更简史》中删去了这些题材。这是《更简史》的一个大缺点。在《简史》中,霍金几次承认他犯过错误,而且他赞扬了自己这样做的勇气。不幸的是,无论在《简史》或者在《更简史》中,他都没有承认:在有关时间箭头、熵和第二定律在时间的历史上的卷入问题上,他所说的每一件事几乎都是错误的。这些题材没有进入《更简史》,这一事实是对这些错误的承认,虽然悄无声息,但岂非掩耳盗铃?

于是,现在这本书的改善是通过避免提及任何与时间的历史相关的事情达成的。与此相反,人们可以在索引中找到一些新的题材,如"反重力""暗物质"与"暗能量"等,它们与时间的历史全然无关。

与我阅读《简史》时的情况相同,当我第二遍阅读《更简史》时，我用HT标识了书中所有述及时间的历史的书页，用T标识了书中所有讨论时间的书页，用X标识了书中没有讨论时间的书页。

在所有153页（与之比较，《简史》是187页）中，以HT标识的为1页（《简史》中有2页），以T标识的为15页（《简史》中是21页），其余137页以X标识。

在这一节的其余部分中，我将简单地评论《更简史》中的一些未曾在《简史》中出现的陈述。

以"考虑我们的宇宙"为标题的第一章几乎与《简史》中的第一章完全相同。与时间的历史最为相关的问题是：

1. 什么是时间的本质？

2.它会在某一天结束吗？

3. 我们能否逆时间而行？

在这一章结束的地方，作者们承认，针对这些问题他们没有答案。

这本书告诉我们，对上述一些问题的答案，物理学最近的突破做出了一些提示，但现在我们还远远没有弄清楚，这些问题的答案是否可以在某一天变得似乎更加清晰，或者似乎十分可笑。"只有时间（无论这里指的是什么）能够告诉我们。"

我认为，作者们可以在这里结束全书。他们不但没有对有关时间的问题的答案，而且也承认，对于时间究竟是什么，他们并没有清晰的认识。当然，所谓"只有时间能够告诉我们"，只不过是一种修辞方式而已。时间不会告诉我们任何事情。类似地，当他们问到"它会在某一天结束吗？"的时候，这个"它"是"时间"。重新组织这个句子，新的问题是："时间会不会有一天走到尽头？"这又是一个修辞方式——时间哪里都不会去，也不会从哪里来，当然也不会有所谓在任何时候去或者来。

第二、三两章包含着与《简史》第一章类似的内容。从本质上说，这是科学的一份非常简短的历史，并不是<u>时间</u>的历史。

第四章是有关牛顿的宇宙的一章，其中讨论了牛顿的定律，特别是牛顿的引力定律。这个定律说：如果一个物体的质量加倍，则它发出的引力也加倍。换言之，这个定律说，引力的吸引不但与发出引力的物体的质量成正比，而且也与受到吸引的物体的质量成正比。一个图解说明如图6.6所示。在《更简史》第21页上的插图是作者坐在一台自动轮椅上的照片，应该是受到同一位女士的两个身体的双倍重力作用。我觉得，至少可以说这幅插图的品位不高。它说明的当然不是牛顿的引力定律！

第五章叙述了以太的简单历史，以及迈克尔逊（Michelson）和莫雷（Morley）1887年的经典实验，他们在实验中测量了光在不同方向上的速度。他们发现，光在任何方向上的运行速度都相等。这个实验与其他实验导致了爱因斯坦得出的结论：时间不是绝对的，这与从亚里士多德直到牛顿以来的科学家与哲学家的想法相反。而且，时间与空间也并非完全隔离并相互独立的，而是

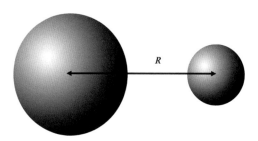

图6.6　引力正比于两个粒子的质量的乘积

相互结合，构成了叫作时空的事物。

作者没有解释说到时间和空间"隔离"和"独立"的意义。这些都是有意义的专业词汇，应该向外行读者解释。反之，作者们在第34页给出了一幅插图，应该是用来"解释"四维空间的，但事实上它只描述了三维空间，而且我认为，这幅插图的品位不高。

人们可以在事件发生的一个空间点上（或者一个空间区域内）以及一个时间点上（或者一个时期内）描述任何事件，这一点是真实的。然而，我不同意下面的陈述（第35页）：

> ……在相对论中，空间与时间坐标不存在真正的差别，这就像任何两个空间坐标之间没有真正的差别一样（见注释1）。

如果这是真实的，为什么不用四个坐标——a，b，c，d——来描述任何事件，而不必提到"时间"和"空间"这两个词呢？

有关弯曲空间的第六章是对广义相对论的一个简单描述。作者们讨论了引力对时间的影响，但我发现，整个解释不清楚，尽管有些插图非常漂亮，但它们没有让他们讨论的问题变得更清楚。最后，这一章以一个长句子结束：

> 正如我们将要看到的那样，老旧的想法是：宇宙在本质上不会改变，可能永远存在；而这种想法正在被一个动态的、膨胀的宇宙代替，这个宇宙似乎开始于有限的时间之前，它或许会在有限的时间之后的未来终止。

　　我觉得，在书的其余部分，作者们似乎并没有呈现他们承诺给我们看的东西。就个人而言，我不相信会有一天，我们能够知道时间是不是在以前的什么时候开始的，或者它会不会在未来的什么时候终止。

　　第七章讨论了膨胀的宇宙。我发现，这一章讨论的题材（多普勒效应，哈勃的发现）要比在《简史》中解释得好得多。然后，在这一章中，作者对弗里德曼的模型和弗里德曼有关宇宙的假说进行了长篇讨论，我觉得外行读者很难弄懂这一讨论。这里的插图也相当漂亮，但对于理解本章的文字帮助不大。尤其是，第55页的插图讲的是"黑体光谱"，其中显示了两个球，假定它们处于不同的温度，它们辐射了一些波，但这份插图没有解释任何东西。这一章以关于永远膨胀的宇宙和永远增加的膨胀速率的一项陈述作为结束。由此，作者的结论是：

> 时间将永远持续，至少对于那些足够谨慎，不会掉进黑洞的人来说如此。

　　我很怀疑，作者们有几分正当理由做出这样的结论。第八章主要专注于大爆炸以及时间的开始。下面的这段话我完全弄不清其中的道理：

> 人们认为，在大爆炸发生的那一刻，宇宙的温度无限高。

　　我认为，温度是与粒子的动能相关的。所以，无限高的温度也意味着无限高的能量，或许同样意味着，在单一一点上凝聚的宇宙的所有粒子（无限大的密度）具有无限高的速度。书中完全没有对此给出任何解释。

第69页，作者们特别解释道：

> ……温度只不过是平均能量的一个度量——或者说是粒子的速度的度量。

他们用对温度的这一解释去说明宇宙膨胀时的冷却效果。不幸的是，他们忘记了一点：如果把对温度的这个解释应用于大爆炸的奇点，它会导致一个荒谬的结果，也就是说：无限高的温度意味着无限高的速度。

这是一个荒谬的结果，但这只不过是在广义相对论的许多数学结果中的一个例子。一项理论的数学结果并非总能与现实世界相关，作者们并没有足够地强调这一点。有许多理论牵涉到有不止一个解的代数方程〔有关例子见 Ben-Naim（1992）〕。这些解中有些在现实世界中是荒谬的（诸如负的概率或者虚时间）。我们必须足够小心地选择那些在现实世界中合理的数学结果。有时候也会出现所有数学结果都不符合现实世界真实的情况。在这种情况下，人们必须检查理论本身，以及它是否能够在某种特定的极端条件下应用。我猜测，这个在大爆炸情况下得到的荒谬结果会在理论工作者的头脑中亮起红灯，让他或者她认真考虑，他们使用的理论是否有效。

科普书籍面对的是缺乏鉴别理论结果有效性的外行读者；令人遗憾的是，科普书籍广泛宣传以上这样的结果。

作者们在第76页讨论了发生在大爆炸后不同时期内的现象。

他们承认，"随后发生的事情并不完全清楚……"这就好像是在说：发生在此之前的事件，包括大爆炸本身，是"完全清楚的"。

在第八章接近结束的地方，作者们承认，广义相对论是一个不完整的理论，因为它无法告诉我们宇宙是怎样开始的。

这一章也包括一个关于黑洞的讨论，以及有关接近一个黑洞的宇航员的各种幻想故事，甚至也包括一幅插图（第81页），其中显示了这样一位宇航员在接近黑洞表面时的情况。这里缺失的一个重要题材是有关黑洞熵的幻想故事，它曾在《简史》中占据了几页的篇幅。不知道为什么，随着某位魔法师的魔杖一挥，所有这些关于黑洞熵的故事便全部消失了。消失的还不仅仅是"黑洞熵"，甚至也包括万能的"熵"本身，还有第二定律以及它们跟时间箭头的关系。所有这些都消失了，在《更简史》中踪迹全无。为什么？他们这样做有原因，但不幸的是，作者并不想给我们做任何解释。

第九章和第十章包括几个新题材，是在《简史》中没有的。然而，《简史》中的第九章是有关时间箭头的，但它在《更简史》中完全消失了。与时间的历史相关的整整一章不见了。它被删去了，连一个字的解释都没有，这让仔细的读者（他们既读过《简史》，也读过《更简史》）摸不着头脑。为什么？我在上一节中提供了答案。

作者们这次没有对各种各样的时间箭头进行幻想讨论，而是讨论其他幻想中的题材，如逆向时间旅行，返回过去。

然后我们发现了一个关于哥德尔（Gödel）对爱因斯坦方程的解的长篇讨论，其中也包括整个宇宙是否正在转动（无论这是什么意思）。我无法理解这一章试图向我们传达些什么信息。许多插图并没有帮助读者弄清楚文字的意义。或许有一幅特定的插图是清楚的。第105页，我们看到作者们坐在一台时光机上。所以，对于一台时光机会是什么样子，读者现在有了一定的概念。

这一章的最后是我完全无法理解的段落：

> 如果采用或许可以称之为"时序保护猜想"的方法，我们可以避免这些问题。这个猜想说，物理学的定律密谋防止宏观物体携带信息进入过去。

听上去，好像作者们正在密谋迷惑读者，其程度甚至达到如此地步，以至于他或者她或者我都遭到拒止，无法理解这本书或者从中得到信息。

最后，他们的结论是：时间旅行的可能性如何尚在未定之天。

> 但请不要就此下注。你的对手或许有不公正的优势，就是他知晓未来。

对于整个这个自然段，我不清楚作者们正在密谋告诉我们些什么。

第十一章是关于自然力和物理学统一的一章，其中有许多有关终极基本粒子的狂热的猜测。这些终极基本粒子是宇宙的基本建筑单元。在这一讨论中没有任何与时间的历史相关的内容，尤其是，这一章的结论句说：物理学定律没有根据数学方程预测人类行为的能力。这是每一个学生都知道的事实！

第十二章是结束的一章，它与《简史》的结束章非常类似。

在第139页中有一幅出色的插图，其中一边显示的是由三只乌龟驮着走的宇宙，另一边是一个像漏斗一样的图形。插图说明写的是："有关宇宙的古代与现代观点。"现在我知道现代的宇宙观是什么样子了，原来有些像漏斗。

结束章的最后一句话与《简史》的相同。这句话给予读者完全的自由，让他或者她想象下面这句话是什么意思：

……因为那时我们将知道上帝的心思。

6.3 《永恒》

这本书出版于《简史》和《更简史》之后。在这本书的参考书录中，我们看到了《简史》，但没有看到《更简史》。我斗胆猜测，卡罗尔没有读过《更简史》。如果他读过这本书，他就会注意到，许多在《简史》中讨论过的题材没有出现在《更简史》中。我相信，如果卡罗尔明白这些题材被删去（尽管它们与有关时间的想法的历史关系密切）的原因，他就不会写这本书了。

我曾在阅读卡罗尔的书时感到似曾相识，因为其中包括所有那些存在于《简史》中，但却不存在于《更简史》中的胡言乱语。而且，它包含了许多新的、荒谬程度未曾稍减的新题材，全都以详细的、过分重复与夸张的手法呈现。《更简史》的作者曾一丝不苟地干掉了在《简史》中出现的许多题材，但它们现在又爬了回来，而且以复仇的姿态，堂而皇之地在《永恒》中再现尊容。

我认为，这本书的质量低于平均水准，很可能是我见过或者读过的最胡说八道的科普作品。首先，我完全弄不清楚，标题中的从永恒至此是什么意思。我知道这是个文字游戏，受到了1953年的电影《从现在到永恒》的启发，但这是一本科普读物，其主题是对时间终极理论的追寻，所以我觉得这个标题毫无意义。

对这本书来说，或许原来的《从现在到永恒》这个电影的标题更适合作为书名。之所以这样说，是因为这本书中的许多观点不断地被重复来重复去，接着又以同样的主题，稍加变化之后再次重复，而且不断地继续……从现在，直到永恒！

书的副标题也毫无意义，并且误导读者。作者应该知道，没有任何一种物理学理论会成为终极理论。一项现存的物理学理论是否会因为新的实验或者理论的结果而修改，对此没有任何人能够知道。所以，追寻物理学的终极理论，这将是一个徒劳无益的尝试。现在根本没有有关时间的理论存在，因此，寻找时间的终极理论是荒谬可笑的。

正如作者在序言中所说的那样：

> 这是一部有关时间的本质、宇宙的开始和物理真实性的根本结构的书。

这不是一本关于时间的理论的书，当然不是一本关于时间的（毫无意义的）终极理论的书。

在序言中提出了两个宏大的问题：

> 时间和空间是从哪里来的？
> 未来与过去有什么不同？

作者随后承诺：

到了这本书结尾的地方，我们将用一个可以用于所有领域的方式，非常准确地定义时间。

读完全书之后（有些部分我必须读两遍），我没有发现任何有关时间的准确定义，或者说，我也肯定没看到任何对上述问题的任何回答。

让我们现在仔细地检查一下这本讨论时间的书，看看作者自认为的准确时间定义究竟是什么。

第2页：

有关时间最神秘的事情是，它有一个方向：过去与将来不同。那就是时间的箭头。

首先，我看不到时间有方向这一事实有何神秘之处。我已经在第一章中做过解释："时间的方向"是一个可以接受的修辞方法。事件在一个顺序系列上展开，我们将之描绘为时间中的点的顺序系列。我们就是这样度量时间的，当在一系列时间中的点上实施其他任何实验时，我们也是这样使用时间的。

这本书的一个主要主题：存在着时间的箭头，因为宇宙以某种形式进化。

这是一个空洞的陈述，因为我们不仅不知道时间箭头是否存在，而且更重要的是，即使宇宙会以任何其他方式进化，这也不会对时间箭头的"存在"造成任何影响。

时间的起点

　　时间有方向，其原因是宇宙中充满了不可逆过程——它们就是那些沿着时间的一个方向而绝不是另一个方向发展的事物。

　　书中随之叙述的，是在不可逆过程与第二定律之间的某种联系，以及第二定律与"某种叫作熵、用以度量一个物体的'无序程度'的量"的联系，还有"熵有一种随着时间增加或者至少保持恒定的倔强倾向"。

　　到底是什么东西的熵有着这种倔强的增加倾向？

　　所有这些我不太认同的理论都曾在《简史》中出现过。在这本书的前面各节中，我们讨论过熵和第二定律的这些方面。

　　但还有一个尚未得到人们足够注意的绝对关键的成分：如果宇宙中的每一件事物都在朝着无序增加的方向进化，则它必定是从一个具有精密秩序的状态发展过来的。这是一整条逻辑链，它大致说明，你为什么无法把一盘炒鸡蛋还原成一个鸡蛋。它显然基于有关宇宙最初时刻的一个深刻假定：宇宙当时处于一种熵值极低而秩序极高的状态。

　　我认为这位作者的关键错误，是那个（并无根据的）假定："宇宙中的每一件事物都在朝着无序增加的方向进化……"如果这个假定是真实的，则宇宙当然必定起源于一个有着高度组织的规则状态。但遗憾的是，这一假定本身并不是真实的。事实上，所谓宇宙的"秩序"或者"无序"的含义远非如此清晰。

　　请考虑下面这个有效的逻辑推导：宇宙中一切事物都向丑陋

增加的方向进化。随之而来的则是：早期的宇宙是从一种非常美丽的状态开始的。这一结论与以上引用的作者的结论同样有效。谁也无法证明我的陈述是错误的。作者的陈述也同样如此。

因此，卡罗尔称之为"关于宇宙最初时刻的深刻假定"，充其量不过是一个非常深刻的猜测，甚至有可能是一个毫无意义的猜测。而且，所有这种"无序"与熵之间的联系当然是纯粹的胡说。请注意，我们现在还只不过正在阅读这本书的序言。我们将阅读所有这些愚蠢的想法，而且整本书将一再重复这些想法。你将认识下面这个据说代表了第二定律的比喻："无人照管的房间将随着时间越来越乱。"这可不是我的房间！当我照管它时，有时候它会变得更乱，有时候它会变得更整齐——但无论何时，不去照管它，它就会保持原样。

时间箭头似乎是时间在我们周围流动的原因，或者是（如果你更愿意这样说）我们正在时间中穿过的原因。这就是为什么我们能够记住过去而不能记住将来。这就是为什么我们进化、新陈代谢并最后死亡。这就是为什么我们相信因果律，而且它对我们有关自由意志的理念也是非常关键的。

而且这全都是因为大爆炸。

时间似乎在我们周围流动，这一点是正确的，而且确实，我更喜欢说的是：我们似乎正在穿过时间。但这一点又跟"我们能够记住过去而不能记住将来"的原因有什么关系呢？我们能够记住过去，因为过去发生的一些事件被我们记录在头脑中。我们知道过去的历史，因为有些事件被记录在我们的头脑中、书本上、磁带上，或者CD中。二者原因相同。将来发生的事件没有被记录在我们的头脑中，所以我们无法取得还不存在的信息。而所有这些跟大爆炸全无半点干系！

顺便说一下，我不记得我的曾祖父在1900年7月1日（这是在过去）做了些什么。但我确实记得，我明天（这是在将来）预约了牙医。这也是因为大爆炸吗？

作者应该告诉读者，大爆炸是一个高度猜测性的想法，它基于对过去的倒推，使用的是一些可能不适用出于这样一种极端状态的宇宙的理论。

我们不知道是否发生过大爆炸（我认为很可能没有）。然而，把上面引文中罗列的所有过程都归结于大爆炸，这既不负责任，也具有高度误导性，尤其是对外行读者。

阅读上述引文让我想到："如果大爆炸从来没有发生，那会怎么样？"我们是不是可以记住未来而不是过去？效果是不是会发生在造成它的原因之前？我们会不会先死了，然后随着时间箭头的方向越活越年轻？而且我们的"自由意志"又会如何？

下面是另一段结论（那些我并不认同的）：

> 时间箭头的神秘实质上是这样的：为什么早期宇宙的条件是以一种特定的方式设定的，是一种低熵值的构型，能够让一切有趣而且不可逆的过程发生？这是这本书着手对付的问题。不幸的是，还没有人知道正确的答案。

我知道，我知道，我知道正确答案！请看：早期宇宙的条件是在如此完美的构型下设定的，它让熵和能量在第一次见面时就擦出了爱的火花……看哪，这份爱情的结晶诞生了，这就是时间箭头。

宇宙的熵是无法定义的。所以，谈论早期宇宙的"低熵值"毫无意义。于是，"这本书着手对付的问题"也毫无意义。那么，为什么要就一个毫无意义而且"没有人知道正确答案"的问题写一本400多页的书呢？

然而，令人惊讶的是，作者还在一而再，再而三地提出同一个问题，祭出了同一个关于"早期宇宙的熵"的想法，称其为"过去假说"，但那只不过是一个空洞的假说而已。

幸运的是，书中陈述了一件美好的逸事，它让阅读这本书不那么无聊。

> 一位老教授去听作者的演讲，但却觉得他讲的东西不很令人信服。他给作者发了一封电子邮件，'物理学的定律取决于宇宙的熵的量级，这纯粹是胡说'。而且他还说，卡罗尔认为，第二定律的存在完全是拜宇宙学所赐，这是我在我们的一切物理学座谈会上听到的最愚蠢的评论。

引用了这位教授的邮件之后，作者说道："我希望他阅读这本书。"

我，阿里耶·本–纳伊姆，谨此郑重宣布，我读过整本书，有些部分读了还不止一次，我完全同意那位教授的评论，我甚至认为这位教授说得还不够。

在序言的最后一个自然段里，作者勾画了这本书的蓝图，并用一个真诚的陈述作为结束语：

所有这些都是肆无忌惮的猜测，但值得认真一读。

好吧，那就让我们看看到底是什么"值得认真一读"。

第一章：过去是现在的记忆

据我所知，过去是以往发生的一切。它与记忆中的事情毫无关系。或许我未能理解标题中某种深刻的含义。让我们看看，这一章的内容是否会反映标题的意思。

对于"说到时间时我们指的是什么？"这个问题，作者提供了三份答案。但在这之前，他召唤了熵，虽说它与上下文一点关系都没有："你不会在街上走路的时候撞到某个熵的身上。"的确，我从来没有撞到哪个熵的身上，但这一点跟时间的意义这个问题有什么关系呢？这里是对于那个问题的答案：

1. 时间标志着宇宙中的时刻。

2. 时间是两个事件之间的间隔的度量。

3. 时间是一个我们在其中运动的媒介。

我相信，按照通俗的说法，谁都会赞同时间有这些特点。但令人吃惊的是，这一章其余的部分全都被作者用了进去，用以证明这三个有关时间的想法不需要彼此相关。我完全同意作者有关"时间流动"的想法。我在本书第1章讨论了这一点。遗憾的是，我在这一章中看不到任何能让"过去是现在的记忆"这个标题名副其实的东西。我始终不明白这个标题表达了什么意思。

第二章：熵的强硬手段

有任何人能为我解释一下，这个标题是什么意思？

这一章以一个让人印象极为深刻的句子开头：

> 忘掉宇宙飞船，忘掉火箭炮，忘掉人类与外星文明的冲突吧。如果你想要讲述一个故事，它能够强烈地让人们感觉到自己存在于外星环境之中，你就必须逆转时间的方向。

这简直让我目瞪口呆。我不知道这开宗明义第一句话是什么意思。我非常想要"讲述一个故事……"，但遗憾的是，我不知道如何"逆转时间的方向"。有人能帮帮忙吗？接着我们就发现：

> 定义时间箭头的，是在宇宙中持续增加的熵。

这个陈述，以及与它同样毫无意义的陈述，在整本书中回荡、跳跃。让我再次重申：宇宙的熵是无法定义的。所以，说什么宇宙的熵在持续增加是毫无意义的。而且，说这个熵，或者任何别的熵会定义时间箭头，这一点更加毫无意义。

那么什么是熵呢？

> 具体地说，它度量一个系统的无序程度。

我并不认同。我建议作者快速浏览一下我出版的书《信息，熵，生命和宇宙》〔*Information, Entropy, Life and the Universe*，Ben-Naim（2015）〕的第一章中有关熵的两幅插图。

接下来是一个完全误导读者的例子，其中一边是一沓叠在一起的纸张，其中的熵值较低；另一边是同样的纸张，但是杂乱地散放着的，据说后者的熵较高。我能保证，如果你测量如图6.7所示的两批纸张的熵，你将发现，整齐叠放着的纸张的熵与零散的纸张的熵完全相等。

对于这些纸张的熵的测量与计算殊为不易，因此，让我们用稍微不同的方式，把我在上面所说的话重新组织一下：同样的一批纸，无论用图中左边或者右边的方法摆放，这两种状态的熵的差值为零！

现在，如果你仍然有怀疑，认为图6.7中的这两种构型的熵可能存在差别，那就请做以下"更为现实的"练习。

假设有N张散放着的纸，但它们之间距离颇大（如图6.8）。同时让我们假定，各张纸开始时的温度略有不同，不妨说各自为T_1，T_2，…，T_N。由于距离足够大，因此这些纸张之间没有相互作用。现在，我们把所有的纸张完美地摆成整齐的一摞。这些纸张相互之间有影响，在很短的一段时间之后，所有纸张的温度将

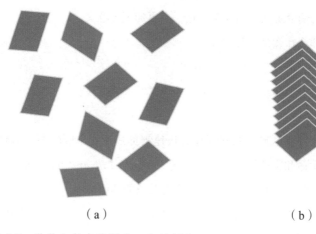

（a） （b）

图6.7 散放与整齐地摆在一起的纸张

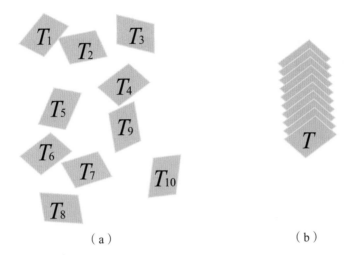

（a）　　　　　　　　　　　（b）

图 6.8　凌乱的纸张的集合与整齐的纸张的集合

是一样的（假定所有的纸张完全等同，则最后的温度将是平均值
$(T_1 + T_2 + \cdots T_N)/N$。

你觉得整齐地摞在一起的这叠纸的熵会大于还是小于还是等
于凌乱的那些纸？答案见本节结尾处。

如果你还没有被说服，让我再给你一个例子，这次与图6.7
中的情况类似，但我们能够准确地计算两个具有明确定义的系统
的集合的熵，一个是整齐的，另一个是凌乱的。

假设有一堆盒子，其中每一个的体积（容积）为 V，其中放
有一个摩尔①给定温度的氩。对于每个盒子，我们可以准确地计
算它的熵〔见 Ben-Naim（2012）中的萨克尔—特鲁德（Sackur-
Tetrode）方程〕。现在请你准备一个盒子集合，不妨说由 10 个盒

① 摩尔是物质的计量单位，一个摩尔的任何同种物质的原子数量约为
6.02×10^{23} 个，即 12 克碳 –12〔^{12}C〕中含有的碳原子个数——译者注

子组成，由你随意决定它们是排列整齐的或者是凌乱的。图6.9 给出了其中三个例子。你可以随意重新安排它们的次序。在任何这样的安排下，这个盒子集合的熵都刚好等于一个盒子气体的熵的10倍，与盒子的有序程度无关。

下面是另一个不正确而且误导读者的例子。在第30页中，我们发现：

> ……冰块会在水中融化，但玻璃杯中的温水不会自发地形成冰块——这两个系统有一个共同的特点：熵在系统从有序向无序发展时一直在增加。无论我们在什么时候扰动宇宙，我们都会让它的熵增加。

第一，我不知道"我们扰动宇宙"是什么意思。当我们建筑

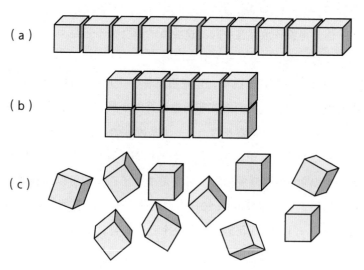

（a）

（b）

（c）

图6.9 整齐与凌乱的10个盒子系统

房子的时候，我们是否扰动了宇宙？当我们做爱而且生了孩子的时候，我们是否扰动了宇宙？无论你的答案是什么，无论你做了什么，都不会影响宇宙的熵，正如它们对宇宙的美丽、宇宙的智慧、宇宙的愚蠢或者宇宙的概率毫无影响一样。

第二，让我们专注于作者提供的有明确定义的例子。图6.10显示了一个装着带有冰块的水的玻璃杯。说"冰块会在水中融化"是错误的。冰块是否会融化，这取决于环境的温度。在一个标准大气压下，冰与水在温度为0℃时达到平衡状态。现在，如果这个玻璃杯在撒哈拉沙漠（Sahara Desert），那里的温度高于0℃，则冰块会融化，在杯中的水的总熵会增加。另外，如果这个玻璃杯是在冬天的莫斯科，那里的环境温度是−30℃，则所有的水都将变成冰，而水的熵将减少。如果环境温度刚好是0℃，则冰块不会融化，水（包括液相和固相）的熵将维持恒定。对此有兴趣的读者可以在〔Ben-Naim（2015）〕的第二章中读到一个系统的例子，这个系统的熵全年都在上下波动。

我们可以在第32页中发现其他毫无意义的句子：

处于30℃下的 处于30℃平衡态 处于−20℃
纯水   的冰水混合物   的纯冰

图6.10 三个玻璃杯的水和冰处于不同的环境温度

我们的可观察宇宙的开始，是人们称之为大爆炸的一个
高热稠密状态，它的熵非常低。这个事件决定了我们在时间
中的取向，就像地球的存在决定了我们在宇宙中的取向一样。

没有任何人知道大爆炸中的宇宙的熵的任何信息。事实上，
据我所知，从来没有任何人定义过宇宙在大爆炸时的熵。很显
然，说到那个"事件"影响我们在时间中的取向，就如同声称那
个"事件"会影响我们的性取向、让我更喜欢甜巧克力或者让我
的妻子更喜欢黑巧克力一样空洞。我在时间中的取向不会受到那
个"事件"的影响。它受到我的手表告诉我的信息的影响。

第37页，作者正确地描述了玻尔兹曼对于熵的引入，说这是
我们走向理解熵（而不是理解时间箭头）的一次大的飞跃。但接
着作者就混淆了两个问题，其中一个是孤立系统是否会回到它的
初始状态的问题，另一个是系统的熵到底会不会增加或者减少的
问题。这一混淆是对于第二定律到底陈述了些什么的普遍困惑的
副产品。我们已经在第5章讨论过这个问题。我们在这里简单地
对此做一番陈述：如果我们在一个孤立系统中去掉一个限制，比
如去掉气体膨胀或者两个气体混合时的隔板；见图5.1b，在这两
个过程中的熵变化将永远是——我再次重复——将永远是正值
（具体地说，在一个摩尔的理想气体膨胀的情况下是 $R\ln 2$，而在
两个不同的理想气体的混合的情况下是 $2R\ln 2$）。系统的熵将永远
不会减少——是永远不会，而不是概率极小！另一方面，我们可
以问，这个系统是否将逆转回到它的初始状态（即所有的气体分
子都在左边的小室，或者在图5.1b中的那两种气体分离）。对于
这个问题，回答是 Yes。

这个系统可以走向它的最终状态。然而，这个极端事件不可能发生，不会在几十亿年间，不会在几十亿个宇宙的有生之年内。即使在极端少见的情况下这种逆转发生了，气体的（或者在混合过程中的两种气体的）熵也不会改变。更多有关细节请参阅第5章。

下一个部分是"熵和生命"（第38～40页），那完全是一系列胡说。我曾在Ben-Naim（2015）中对这一部分的一些陈述做过评论，但我还是抑制不住诱惑，再次在此引用了其中最优美的句子：

真真正正地，熵让生命成为可能。

这一陈述已经荒谬到了如此地步，我都想为此颁发一项大奖，奖给任何能够为我演示熵是如何"让生命成为可能"的人。

第40页，作者问了一个微不足道的问题："为什么我们无法记住未来？"任何人，无论他们是否是科学家，都知道这个问题的答案。我们能记住过去（更准确地说，是我们的过去的一部分），是因为那些事件记录在我们的头脑里，而且如果我们走运，我们可以再把这些信息从我们的头脑中取出来。未来发生的时间在我们的头脑中没有记录，因此我们根本不可能记得任何来自未来的信息！

人们可以提出许多类似的愚蠢问题，对它们的回答全都微不足道。

为什么我们无法记住一只昆虫的感觉？

为什么我们无法记住牛顿在他构想了他的引力定律之前吃的一只苹果的味道？

为什么我们无法记住岳母的生日？

我衷心希望读者罗列出更多我们无法记住的事件，然后试图找到它们与大爆炸时刻的熵的深刻联系。如果发现了一个有趣的例子，请给我发一封短信，我可以在这本书再版时把它放进去。

很可能，在所有这些荒唐的陈述中，出现在第43页的那份是其中之最：

> 然而，当说到过去时，我们手头不但有宇宙当前的宏观状态的知识可资利用，而且还要加上早期宇宙开始于低熵状态这一事实作为参考。人们把这一点点额外的信息叫作"过去假设"；在考虑根据现在重建过去时，它能给我们一个庞大的杠杆。

这很可能是过去假设第一次出现在这本书中。在书的其余部分，这个术语将一再出现。这是什么意思？什么意思都没有！

此外，我们并没有宇宙的当前状态的知识可资利用。我们也无法确定早期宇宙开始于低熵状态这一事实（事实？）。这并不是一个事实，而只不过是毫无意义的、虚构的理论！这一"事实"与相应的过去假设在书中出现了这么多次，简直让我觉得，我很快就要崇拜过去假设了。而且我还忘记说到那个荒谬而且毫无意义的陈述，说什么在考虑根据现在重建过去时，过去假设会给我们庞大的杠杆。

"根据现在重建过去"——多么神奇的想法！

第50页，作者讨论了在大爆炸之前发生了什么，以及提出这样的问题是否有意义：

> 那么在大爆炸之前发生了什么呢？现代宇宙学的许多讨论

正是在这里脱离了轨道。你会经常读到类似下面的陈述："时间和空间在大爆炸之前不存在。宇宙还没有在某个时刻成形，因为时间本身正在开始成形。提出在大爆炸之前发生了什么的问题，这就像提出'在北极以北是什么'这个问题一样。"

这一切听起来都很深刻，而且说的甚至是正确的。但这也可能不正确。事实如何，我们根本不知道。

至少最后一句话是诚恳的。对于人称大爆炸的这一事件我们无法确定。我们无法确定时间和空间是不是在大爆炸的那一刻进入且存在的，因此，如果我们假定大爆炸确实发生了，我们可以合情合理地问：在大爆炸以前发生了什么？

下面是另外几个毫无意义的陈述：

我们对于理解时间箭头的探索在早期宇宙的低熵中抛锚停靠……（第51页）

所以，早期宇宙的相对平滑……反映了那些较早时期的非常低的熵值。（第54页）

……如果宇宙学家们曾经认真地考虑过解释早期宇宙的低熵值。（第55页）

我们仍旧不知道，为什么早期宇宙会有低熵值……它的熵很小，但并不是严格的零。

这通闲聊就这样一直进行下去，进行下去，进行下去……在此，我建议，把一个有意义得多的问题加入清单：为什么在大爆炸的那一刻，宇宙的愚蠢程度如此之低，然而从那时起便一直在增加？知道了这个答案，应该对我们的生活产生深刻的影响。

第八章：熵和无序。正如我们曾在第5章中讨论过的那样，一个系统的熵有时会与我们理解的有序或者无序相关联。然而，它们之间并没有普遍的关系，而且当然，在熵与无序之间没有一致性。第153页的图43具有误导性，因为它表示，熵会随时间减少或增加。这是纯粹的胡扯！

作者在第154页描述了一个处于平衡状态的系统。从宏观角度上看，这样一个系统并不发生变化。例如，随着时间变化，这个系统的温度、压强等都是恒定的，或者接近恒定的。然而，在这个系统中的分子仍然一直在运动。

说"这样一个系统没有时间箭头"，这意味着有些系统是有时间箭头的，而其他的系统没有。这是非常有趣的。如果作者能够对我解释一下，人们应该如何确定每个系统的时间箭头的话，我承诺修改本书第一章，并讨论宇宙中所有系统的时间箭头。

下面是论及信息和生命的一章，这一章的开始引用了冯·诺伊曼（von Neumann）的话，当时他建议香农称自己对信息的度量（见第一章）为"熵"，其中的论据：

> 谁也不知道熵究竟是什么，因此，在辩论中你永远都会占据优势。

这当然不是真实的。真实的状况：绝大多数人，包括许多科学家和许多科普读物作者，不知道熵究竟是什么。但说谁都不知道，这是夸张。

这一章到处充斥着有关信息、熵和生命的胡说八道。我曾在

Ben-Naim（2015）中对它们做了批驳。

我们可以在第213页看到另一个误导读者的插图（图54），其中显示一个系统的熵随时间的涨落。

我完全弄不清楚，作者是从哪里为这样一幅图找到"数据"的。它们来自对任何一种真实系统的计算或者测量吗？

这个处于平衡状态的系统的熵不随时间变化，但系统的构型在变化，对于香农的信息度量可能在变化（见第五章），但系统的熵已经是SMI的最大值乘以一个常数，而这个最大值是不随时间变化的！

第十二章讨论黑洞、黑洞的熵以及时间的终止。我建议作者比较《简史》和《更简史》。或许这能够说服他，在这本书再版时删去这一章。当然，这本书的其他部分也应该随着它一起被删除。

第十三章是"宇宙的生命"，它不仅没完没了地重复过去的宇宙的低熵状态、当今宇宙的高（庞大的）熵状态，而且还提供了数字！在为过去的、现在的和将来的宇宙的熵引用一些数字时，作者很谨慎地用了约等号"≈"。他解释道：

> 在这里，约等号"≈"的意思是"大约等于"，因为我们想要强调，这是一个粗略的估计，不是严格的计算。

难道作者不知道，正是因为他用了约等号"≈"，他便增加了宇宙的熵？他应该更恰当地说：在他的书的这些书页中使用的约等号"≈"是确定无误的，而不是大约的、毫无意义的数字。

我们可以在311页找到另一个有关"高熵"的荒谬问题及其答案：

为什么我们没有生活在空荡荡的空间中？

我们提出了宇宙看上去应该是什么样子的问题，以此开始了本章。提出这个问题是否合情合理？我们对此并不清楚。但如果是合情合理的，则一个合乎逻辑的答案将是："它看上去应该像是处于高熵状态……"

我觉得，作者似乎在不屈不挠地炮制荒唐问题，然后用更加荒唐的答案作为回答。就这样，他或有意或无意地创造了一个读者心目中的高熵状态。

我们没有生活在一个空荡荡的空间之内，因为在空荡荡的空间内没有可以购买食物的超级市场。而没有食物，我们就没法生活！而且，即使我们能够在"空荡荡的空间"内找到食物，在没有电影、购物中心以及其他许多能够让生活有价值的东西的情况下，我们会有什么样的生活呢？

对于"宇宙看上去应该像什么样子"这个问题，我的"合乎逻辑的"回答是：它看上去应该是一个美丽的、低熵的女士，而不是处于一种丑陋的"高熵状态"。

下面是另一个令人愉悦的问题。作者在第314页问道：

为什么我们身在一个从不可思议的低熵状态逐步进化的宇宙，而不是刚刚在周围环境的混乱中动荡的孤立造物呢？对此人们还没有清楚的答案。值得强调的是，这个谜团让时间箭头问题变得紧迫了不知多少倍。

与以前对一个荒谬的问题给予一个荒谬的答案不同。这次作者把一个正确的答案（"对此人们还没有清楚的解答"）给了一个毫无意义的问题。而且，当然了，"时间箭头问题"非常紧迫。确实，时间箭头紧逼而来，所以我们应该跳过下一章（第十四章），进而讨论最后一章。我们将在那里发现更有趣的问题和答案。请注意，这一章的标题是："穿越明天的过去"。

为什么我们生活在一个极低的熵值状态的时间邻域？（第339页）

回答是微不足道的：我们生活在邻近一个"低熵值状态"的时间邻域，因为我们可以轻而易举地坐汽车、公共汽车甚至走过去，从而进入低熵值状态。只有拥有自己的私人飞机的富人，才承担得起生活在一个"高熵状态"的邻近地区（抱歉，是时间邻域）的花销。

穷人别无选择，只好生活在低熵值的邻近地区。我希望我能够帮助他们提高自己的熵值。

为什么"过去假设"在我们的宇宙的可观察的小小片段上有效呢？（第340页）

对这个问题的答案是明显的。上帝创造了过去假设，因此它在我们的宇宙的这个片段上有效，这部分宇宙在上帝的控制下。他或许无法在宇宙的其他片段上推行过去假设！如此简单！

第347页，作者告诉我们什么是"未来假设"，以及当宇宙达到最大尺度的时候，时间箭头逆转的可能性……

这实在非常了不起。在那个时候生活一定非常有趣；死者将从坟墓中爬起来，而且越"活"越年轻，还会倒退着走路，而且最终回到他们的母亲的子宫里。而且当然，前一段引文中的穷人会有钱搬进熵值较高的状态。多么清新诱人的想法啊。

然后，通过图82，作者让我们看到，熵会怎样随着时间先升后降。然后，通过第352页的图84，我们将看到熵的另外两种可能性：或者一直不停地升上去，或者先降后升。

遗憾的是，作者并没有提醒读者，这并不是科学，甚至连科学幻想都不是，而只是关于熵、时间和宇宙的虚构的、不合逻辑的想法。

在后记中，作者解释了他为什么选了这样一个书名。或许，他（下意识地）为一本充斥着毫无意义的讨论的书选择了这样一个毫无意义的标题，这种做法是对的。

作者在题为"答案是什么"的一节中承认（第367页）：

> 然后，在用了14章进行构筑问题的工作之后，我们投入了短短的1章讨论可能的答案，但却没有对其中任何一个问题给出圆满的答案。
>
> 我们可以非常清楚地陈述问题，但对于可能的回答却只有几个模糊的想法。

作者用这些词句承认，他并没有像他在序言第一页中承诺的那样，把时间的准确定义交给读者。

甚至在这篇特别长的后记中，作者也一再重复有关宇宙的低熵等等想法，甚至引入了一个毫无意义的新想法，即时间这个想法本身只不过是一种"近似"。这个想法在一页之内（第369页）重复了四次而未加解释：是对什么的"近似"？时间是对时间的近似，或者是对熵，或者可能是对宇宙的近似吗？

最后，在写了这本书的第375页之后，作者做出了结论：

> 预测未来殊为不易（该死的，不存在低熵未来的边界条件！）……现在是我们理解自己在永恒之内的位置的时候了。

一个多么能够披露真理的结论啊。我一直知道，预测未来是不容易的（或许也是不可能的？）。现在我知道为什么了！罪魁祸首是"低熵边界条件"不存在。

顺便提一句，我完全明白我们在永恒中的位置。它距离低熵交叉地区刚好只有三个街区。任何还不明白的读者，甚至在读过了卡罗尔的书之后仍然不明白的读者，应该写信给我。只要象征性给点费用，我便非常愿意解释。

最后，我还应该为你们解答我在本书第186页提出的问题。摞成一叠的纸（"有序"的一叠）的熵高于散放的纸的集合（无序的集合）的熵。

6.4 《起点与终点》

这本书在标题中提出了两个问题。作者在书的前言和总结中讨论了这些问题。在这两部分之间，作者杂七杂八地讨论了许多与书的标题无关的内容。

不用说，这本书没有回答这两个问题。这又是一本令人打哈欠的书，因为书中没有任何我们没有在《简史》《更简史》和《永恒》中读到的新东西。这本书重复了这些书中大部分有关熵、第二定律和时间的荒谬想法。

这本书的序言以下面两个问题开始：

> 时间开始于大爆炸吗？宇宙现在的膨胀会一直在有限或者无限的时间内延续吗？

请注意，这两个问题看上去似乎与书的标题上提出的问题类似，但实际上大不相同。

时间可能有，也可能没有起点，但它与大爆炸是否曾经发生并无关系。时间可能有，也可能没有终点，但它与宇宙现在的膨胀（或者将来的收缩）并无关系。

然后我们就发现了下面这段文字：

> 对此的回答将在今后一二十年间变得更加清楚，它们将对于我们如何看待自己在宇宙中的角色具有深刻的含义。

我非常不同意这个陈述。它只不过让读者得到了一个虚假的印象，即在这本书的标题上提出的问题非常"重要"。

谁也无法说出，这些问题的答案什么时候将会出现，或者是不是能够在任何可预见的将来出现。当有了答案的时候，它们不会对我们如何看待自己在宇宙的角色具有任何含义，更不要说会有"深刻的"含义。这样一个异想天开但却又空洞无物的陈述与我们已经在《简史》中读到，并被《永恒》批发的那些离奇想法遥相呼应。

在前言的最后，作者清楚地 —— 而且我应该加上"真诚地"——展示了这本书的目的：

> 本书的目的是展示一些最近发现的科学事实，它们可以让读者集中思考本书标题上提出的那两个简单的问题。

就这样，作者并没有承诺回答书上提出的问题（时间有起点吗？时间有终点吗？），而只是承诺，最近的科学事实能够"让读者集中思考"这两个问题。

我阅读了全书，但对于书中第一章至第七章中讨论的大部分题材，我未能看到它们与书名中提出的问题有任何关联。我也未能理解他说的"让读者集中思考"是什么意思。

事实上，由于阅读这本书，我的思考偏离了这两个问题。这本书讨论了这么多与这些问题无关的题材，而只在最后一章，读者才被带回去思考这些问题，而且没有得到答案。

第一章至第七章中的大部分都在讨论最近在宇宙学、宇宙膨胀和宇宙的各向同性与均匀性方面的新发展。书中提到了许多概念，但没有加以定义，甚至没有对诸如"非线性效应""对称破裂""暴力无限"和"二次发散"这类概念做定性解释。其中一整章完全用于讨论"暗物质"与"暗能量"，以及"负压"。所有这些内容让这本书变得晦涩。

我们可以在第55页发现一个奇异的新概念，是《简史》或者《永恒》中都没有的：

必须以光速运行的光子确实给出了正压强，而它们的状态方程等于正三分之一。

我不清楚外行读者是否知道什么是状态方程。我恰巧知道，状态方程是联系各种热力学变量的方程，其中最著名的是如氩气这样的理想气体的状态方程，形如 $PV=nRT$。此处 P 是压强，V 是体积，n 是氩气的摩尔数，T 是绝对温度，R 是气体常数。很显然，状态方程是一个方程，不是一个数字！

下面是另一个无法理解的典型句子（第77页）：

人们可以相当随意地发明一种第五元素的模型，但我们永远也无法完全弄清楚，第五元素是否只是无知的参数化而已。

我在阅读这一段时突然感到，我对于这本书中所写的东西的无知完全被参数化了。

我承认，在再次阅读了第六章以后，我完全不清楚里面说了些什么。这一章的结尾是：

最令人震惊的神秘之处或许是：什么是暗物质？什么是暗能量？

当然，任何"暗"的东西都是神秘的。为什么不加入最神秘的"暗熵"，或许还应该加上"暗时间"，然后问：哪一种更神秘？暗熵还是亮熵？

第七章引入了熵，把它作为无序的度量，这与我们在《简史》和《永恒》看到的同样荒谬绝伦，但我们在《更简史》中却没有看到这些！作者随后也告诉了我们一些数字：当今宇宙的熵（但却未加定义！）有多大，而早期宇宙的熵又有多低。此后作者将时间箭头和第二定律联系了起来，并重复了所有我们已经在《简史》和《永恒》中见到了的陈述。

作者最后承认：

> 所以，时间箭头逆转是一种荒谬的想法，最好尽可能避免接触。

这个评论应该对那些书写有关"时间箭头"逆转的人说，而不要针对纯真的外行读者，他们丝毫不知道这是什么意思。

我对这一章的其他部分完全不知所云，所以我只能三缄其口。现在我们转入最后一章，作者在那里再次处理他在书的标题中提出的问题。

正如任何人都可以猜到的那样，对于书的标题中提出的问题有四个可能的答案：

1. 时间有起点，也会有终点；

2. 时间有起点，但不会有终点；

3. 时间没有起点，但会有终点；

4. 时间既无起点，也无终点。

谁也无法说出哪个答案是正确的，而且，就连是否可以对它们给予不同的概率也不清楚。但令人吃惊的是，作者只选了四种可能答案中的三种，并按照它们的"1. 美学特点，2. 递减概率，3. 人们的传统认知（上述的第二个答案）"加以排列。

作者又是怎样"评估"这三种概率的呢（作者未曾考虑第三个答案）？

他在第99页中说：

> 人们在处理这些问题上有了迅速的进展，这使我们有可能只根据它们的美学特点来排列这三种前景的次序。

这就是说，在理解这些问题上没有进展，在回答这些问题上没有进展，只有在处理这些问题上有进展！在书写这些问题的篇幅上也大有进展。

我不相信有可能按照这些回答的概率或者可能性为这些回答排列次序。我对于作者怎样才能按照美学特点安排这些情况一无所知！我认为，所有这些可能在美学方面都同样让人不快！

最后，这本书中包括一份8页的专业词汇表。但在这份词汇表中，被作者奉为理解"时间箭头"核心的熵却付之阙如。为什么？知道熵是什么意思的读者可以很容易地在这本书的84～88页中找到答案。我已经在本章的前面各节中讨论过这个问题。

结论，这本书完全没有任何我们没有在《简史》《更简史》和《永恒》中见到的新东西，而且令人遗憾的是，一些将有关时间箭头与熵和第二定律联系的题材已经被《更简史》埋葬了，但这本书却让它们死灰复燃。

后 记

这本书的主要目的并不是告诉你有关时间的历史，而是批判地检查其他作者有关这个题材的著作。

正如我曾在全书中一再重复的那样，最完整的时间的历史可以在最多一两页纸中书写完毕。时间或许有一个开始（"诞生"），也可能会有一天终止（"死亡"）。在生与死这两个端点之间，时间亘古不变。事实上，极为可能的是，即使开始与灭亡这两个事件也不过只是人们的猜测。我个人觉得，它们很可能完全没有任何真正的含义。

在这本书的前言部分，我曾提醒各位读者停下来思考几个问题。我提出的这几个问题或许是过去从未有人考虑过的，更不要说回答它们了。

我希望，通过阅读这本书，你已经受到了我的风格的一些影响，能够审视与批判为人称道的权威作者的作品。我希望，在帮助磨砺你们批判性地仔细阅读任何读物（包括本书）的能力方面，我已经做出了磨刀石的贡献。

如果你对评估你得到的技巧有兴趣的话，我建议你阅读下面的引语，并在读完每一段之后回答下面的问题：

1. 这段引语有意义吗？

2. 如果你的回答是肯定的，请写下一小段话，为外行读者解释它的含义。

3. 一旦你自信已经掌握了它的含义，请尝试设计（或者至少想象一下）一个实验，你可以在其帮助下证明这段陈述的有效性。

我将会非常高兴地听到你的回答，知道你对于这些引语的看法，以及你对这本书的任何评论。

引语

1. 熵和无序一起成长。但自然也有许多有序的结构。

——索莱和古德温（Sole and Goodwin，2000）

2. "时间箭头"这个比喻是爱丁顿爵士发明的，用以表达过去与将来之间存在的纯粹物理学差别，而与意识无关。这样一个差别基于熵原理，该原理断言，在时间发展的进程中，能量倾向于从有序形式向无序形式转化。

时间箭头是不可逆的，因为熵无法在不违反热力学第二定律的情况下自行减少。

——坎贝尔（Campbell，1982）

3. 有序、低熵的最终源泉必定是大爆炸本身。

——格林（Greene，2004）

4. 过去与将来是不同的，科学无法继续无视这一点。热力学向科学发出了觉醒的召唤，迫使它与线性时间真实搏斗。

——施耐德和萨根（Schneider and Sagan，2005）

5. 然而，时间似乎像一个火车轨道模型。如果它有起点，就会有什么人（即上帝）存在，让火车运行。

——霍金和慕洛迪诺夫（2010）

6. 根据经典物理学，在时间开始的那个时刻，空间的密度还是无限大，而且仅仅占据了一个单一的点。时间在此之前并不存在。

——多伊奇（Deutsch，1997）

7. 在某种意义上，我们的细胞在吞吃能量，而它们产生的废品就是熵。

——塞费（Seife，2006）

8. 在经典世界中，时间箭头是与熵的持续增加结合的，人们也可以将后者视为有序的下降。

——布鲁斯（Bruce，2004）

9. 根据19世纪的热力学，封闭系统逐步下降为无序（它们的熵增加），而这样的命运似乎正在等待着宇宙。

——斯穆特（Smoot，1993）

10. 熵＝时间箭头，这个统计的时间概念具有深刻而且迷人的含义。所以，始终深刻地理解熵，这正是我们应该做的事情。熵不仅能够解释时间箭头，它也能解释时间的存在；它就是时间。

——斯库利（Scully，2007）[9]

附　录

一些涉及时间的英文习语，以及一些插图：

及时缝一针，以后不必缝十针（A stitch in time saves nine）

超前（Ahead of one's time）

等待时机（Bide time）

重大时刻（Big time）

出手大方之人（Big-time spender）

关键时刻（Crunch time）

艰难时刻（Devil of a time）

服刑时期（Do time）

每当情况有所好转（Every time turns around）

问候（Give the time of day）

濒临失败之刻（Go down for the third time）

开心时刻（Have a whale of a time）

有空闲时间（Have time to kill）

手里有时间（Have time on your hands）

到时候了（High time）

时间刚好（In the nick of time）

一大堆人在胡吃海喝，就像到了动物园的喂食时间（It's feeding time at the zoo）

与时俱进（Keep up with the times）

淹没在时间的迷雾中（Lost in the mists of time）

弥补失去的时间（Make up for lost time）

对任何人都毫不理睬（Not give anyone the time of day）

工作时间（Not give anyone the time of day）

相互问好（Pass the time of day）

时间紧急（Pressed for time）

拖延就是浪费时间（Procrastination is the thief of time）

时间是关键（Time is of the essence）

时间到，到此为止吧（Time to call it a day）

是上路的时候了（Time to hit the road）

脚踏两只船（对爱情不专一）（Two-timer）

时机成熟之刻（When the time is ripe）

珍惜时间（Manage the clock）

暂停（Take a timeout）

岁月不等人（Time and tide wait for no man）

眼下时机正好（No time like the present）

刻不容缓（No time to lose）

时间在飞奔
（Time runs）

消磨时间
（Killing time）

光阴似箭
（Time flies）

赶时间
（Run after time）

时间紧迫
（Pressed for time）

时间难熬
（Time hangs heavy）

欢乐时光
（Whale of a time）

时间的诞生
（Time's birth）

甜蜜时光
（Sweet time）

时间有快也有慢
（Time is relative）

到时间了
（Time's up）

当心时间的摧残
（Beware of the ravage of time）

时间停止了
（Time stopped）

误期
（Behind time）

没时间了
（Running out of time）

时间能医治创伤
（Time heals）

时间停止了
（Time came to a halt）

节省时间
（Saving time）

时间就是金钱
（Time is money）

多么浪费时间啊
（What a waste of time）

很久很久以前，时间并不存在。

时间诞生在一个还没有时间的某个时间点上。

时间诞生在一个还没有空间的宇宙中的某个空间点上。

在它诞生几分钟后，时间迅速成长。

有一天，时间跟熵交上了朋友，后者也出生在时间不存在的时期，在一个没有空间的有明确定义的宇宙里。

时间与熵密谋毁灭世界，让阻挡它们的一切走向无序。

今天，我们正在见证时间和熵对我们的摧残。

著名的科学家们告诉我们，他们带来的既有好消息也有坏消息。

好消息是，在某个时间点上时间将会终止，不会再去摧残宇宙。

坏消息是，熵将获得最大的能力，将在时间终止之前摧毁整个宇宙，包括时间。

我不知道哪件事情在前。你知道答案吗？

注 释

1. 有关时空大一统语言的本质，杜尔曼（Tolman）于1934年写道：

> 在使用这种语言时，重要的是防止假定超空间的各个方向全部等同的错误，以及避免假定时间的延长与空间的延长属于同种本质的想法，因为这仅仅是出于方便而认为它们都可以依照相互垂直的轴画出……
>
> 在超空间中，空间与时间轴必定有区别，这一点可以明显地通过对比一根米尺旋转的物理可能性得到证据。这种旋转可以从度量长度的 x 方向开始，转到同样度量长度的 y 方向，但让它旋转到一个度量时间间隔的方向就不可能了；换言之，将一根米尺旋转为一座时钟是不可能的。

2. 欧拉公式规定，对于任何实数 x，都有以下恒等式成立：

$$e^{ix} = \cos x + i \sin x。$$

此处 e 为自然对数的底数，i 的定义是（-1）的平方根，即 $i = \sqrt{-1}$，$\cos x$ 和 $\sin x$ 分别是三角学中的余弦与正弦函数。如果

我们用 π 代换恒等式中的 x（π 是圆周率，π ≈ 3.14159 …），则因 $\cos π = -1$，$\sin π = 0$，我们便会得到恒等式 $e^{iπ} + 1 = 0$。

3. 其他得自相对论的同样结果也是正确的，如速度或者引力对于时间的作用。

4. 对于两个小室的特例，它们之间的关系是：

$$P_r(p, q) = \left(\frac{1}{2}\right)^N \frac{2^{[NH(p,q)]}}{\sqrt{2πNpq}}$$

更普遍的结果是

$$P_r(\{p_1, \cdots, p_n\}) = \left(\frac{1}{n}\right)^N \frac{2^{N \times H(\{p_1, \cdots, p_n\})}}{\sqrt{2πN^{(n-1)} \prod_{i=1}^{n} p_i}}$$

详见 Ben-Naim（2008, 2012）。

5. 如果 v_x、v_y 和 v_z 分别是一个粒子沿 x、y 和 z 三个轴的速度分量，则这个粒子的绝对速度定义为 $v = \sqrt{v_x^2 + v_y^2 + v_z^2}$。人们通常称这个值为粒子的速率。我们将在本书中称其为速度。

6. 人们曾经做过许多尝试，想要根据粒子的动力学推导热力学第二定律。麦基（Mackey）于 2003 年就这一问题出版了一整本书，题为"时间的箭头：热力学行为的来源"（*Time's Arrow: The Origins of Thermodynamic Behaviour*）。事实上，许多人尝试推导系统随着时间变化、并在平衡时取得最大值的熵的方程，其中第一个人是玻尔兹曼，他发表了著名的 H 定理。

我认为，由玻尔兹曼定义的 H 函数以及其他基于粒子运动方程的函数并不是熵函数，而是 SMI 函数。后者可以随时间变化并在平衡时取得最大值。然而，系统的熵正比于 SMI 函数的最大值。就此而论，系统的熵不随时间变化。

7. 练习1的答案：方程 $P_4^2 + 1/16 = 1/8$ 有两个解。它们分别是 $P_4 = 1/4$ 和 $P_4 = -1/4$。很显然，你不会接受 $p4$ 的负值解。仅有的有意义的实数解是 $P_4 = 1/4$。

练习2的解：要求解的方程是 $P_4^2 + 1/64 = 1/32$。这个方程有三个解（我是利用数学软件 Mathematica 求解的），它们分别是：

$$P_4 = 1/4，P_4 = -1/8 - \sqrt{3}/4\ i，P_4 = -1/8 - \sqrt{3}/4\ i$$

此处 $i = \sqrt{-1}$。很显然，唯一有意义的解是 $P_4 = 1/4$，另外的两个解不是实数，没有真实意义。

8. 宇宙的熵是无法定义的。已知一个系统的状态，我们令其为（P，T，N_1，$\cdots$，N_c），于是我们可以定义它的熵。

至于宇宙，我们不知道它是有限的或者是无限的。我们不知道宇宙中所有的各种粒子，也不知道每种粒子有多少个。我们不知道宇宙中所有粒子之间的相互作用。所以，讨论宇宙的熵是毫无意义的。谈论宇宙在大爆炸之时或者任何其他过去的遥远时刻的熵更加毫无意义。因此，所谓过去假设是一个全然没有意义的假设。同时也请注意，"宇宙的熵"既无法通过实验，也无法通过理论计算获得。由于所有这些原因，我们最好不要讨论有关"宇宙的熵"。无论现在、过去或者将来的熵值都不要讨论。

9. 让熵等同于时间或者时间箭头，这并不像让苹果等同于香蕉（它们都是水果，都是可以测量数量的）。它就像让苹果等同于心理学或者精神病理学（亦可参阅题献页）。

参考书目

Albert, D. Z. (2000), *Time And Chance*, Harvard University Press, USA.

Atkins, P. (2007), *Four Laws That Drive the Universe*, Oxford University Press.

Barnett, L. (2005), *The Universe and Dr. Einstein*, Dover, New York, USA.

Ben-Naim, A. (2008a), *A Farewell to Entropy: Statistical Thermodynamics Based on Information*, World Scientific, Singapore.

Ben-Naim, A. (2008b), *Entropy Demystified: The Second Law Reduced to Plain Common Sense*, World Scientific, Singapore.

Ben-Naim, A. (2012), *Entropy and the Second Law: Interpretation and Misss-Interpretationsss*, World Scientific, Singapore.

Ben-Naim, A. (2015a), *Information, Entropy, Life and the Universe: What We Know and What We Do Not Know*, World Scientific, Singapore.

Ben-Naim, A. (2015b), *Discover Probability: How To Use It, How to Avoid Misusing It, and How It Affects Every Aspect of Your Life*, World Scientific, Singapore.

Brillouin, L. (1962), *Science and Information Theory*, Academic, New York, USA.

Bruce, C. (2004), *Schrödinger's Rabbits: The Many Worlds of Quantum*,

Joseph Henry, Washington, DC, USA.

Callen, H. B. (1985), *Thermodynamics and an Introduction to Thermostatistics*, John Wiley & Sons, USA.

Campbell, J. (1982), *Grammatical Man: Information Entropy, Language, and Life*, Simon & Schuster, New York, USA.

Carroll, S. (2010), *From Eternity to Here: The Quest for the Ultimate Theory of Time*, Plume, USA.

Davis, P. C. W. (1974), *The Physics of Time Assymetry*, University of California Press, USA.

Deutsch, D. (1997), *The Fabric of Reality*, Penguin.

Eddington, A. (1928), *The Nature of the Physical World*, Cambridge University Press, Cambridge, UK.

Frampton, P. H. (2010), *Did Time Begin? Will Time End?* World Scientific, Singapore.

Greene, B. (1999), *The Elegant Universe. Superstrings, Hidden Dimensions, and the Quest for the Ultimate Theory*, Vintage, New York.

Greene, B. (2004), *The Fabric of the Cosmos: Space, Time and the Texture of Reality*, Alfred A. Knopf, USA.

Greene, B. (2011), *The Hidden Reality: Parallel Universes and the Deep Laws of the Cosmos*, Alfred A. Knopf, USA.

Hawking, S. (1988), *A Brief History of Time: From the Big Bang to Black Holes*, Bantam, New York, USA.

Hawking, S. and Mlodinow, L. (2005), *A Briefer History of Time*, Bantam Dell, New York, USA.

Hawking, S. and Mlodinow, L. (2010), *The Grand Design: New Answers to the Ultimate Questions of Life*, Bantam Books, London.

Einstein, A., Lorentz, H. A., Weyl, H. and Minkowski, H. (1952), *The Prince of Relativity*, Dover.

Mackey, M. C. (1992), *Time's Arrow: The Origins of Thermodynamic Behavior*, Dover, New York, USA.

Newton, R. G. (2000), *Thinking About Physics*, Princeton University Press, USA.

Penrose, R. (1989), *The Emperor's Mind: Concerning Computers, Minds and the Law of Physics*, Penguin, New York, USA.

Pross, A. (2012), *What Is Life? How Chemistry Becomes Biology*, Oxford University Press, USA.

Sainsbury, R. M. (2009), *Paradoxes*, Cambridge University Press, UK.

Schneider, E. D. and Sagan, D. (2005), *Into the Cool: Energy Flow, Thermodynamics and Life*, The University of Chicago Press, London.

Scully, R. J. (2007), *The Demon and the Quantum: From the Pythagorean Mystics to Maxwell's Demon and Quantum Mystery*, Wiley-VCH, Verlag GmbH & Co. KGaA.

Seife, C. (2006), *Decoding the Universe: How the Science of InformationIs Explaining Everything in the Cosmos, from our Brains to Black Holes*, Penguin, USA.

Siegfried, T. (2000), *The Bit and the Pendulum: From Quantum Computing to M Theory — The New Physics of Information*, John Wiley & Sons, USA.

Smolin, L. (2004), *Time Reborn: From the Crisis in Physics to the Future of the Universe*, Penguin, UK.

Smoot, G. and Davidson, K. (1993), *Wrinkles in Time: Witness to the Birth of the Universe*, Harper Perennial, New York, USA.

Sole, R. and Goodwin, B. (2000), *Signs of Life: How Complexity Pervades Biology*, Basic, Perseus, New York, USA.

't Hooft, G. and Vandoren, S. (2014), *Time in Powers of Ten: Natural Phenomena and Their Timescales*, World Scientific, Singapore.

Tolman, R. C. (1934), *Relativity, Thermodynamics and Cosmology*, Oxford University Press, Oxford, UK.

Vedral, V. (2010), *Decoding Reality: The Universe as Quantum Information*, Oxford University Press, UK.

von Baeyer, H. C. (2003), *Information: The New Language of Science*, Harvard University Press, USA.

Weinberg, S. (1977), *The First Three Minutes: A Modern View of the Origin of the Universe*, Basic, New York, USA.

Weyl, H. (translated by H. L. Brose, 1950), *Space–Time–Matter*, Dover.

Woolfson, M. M. (2015), *Time and Age: Time Machines, Relativity and Fossils*, Imperial College Press, UK.

出版后记

作者在这本书里告诉我们，他的目的并不是要向你讲解时间的历史，而是教你如何用批判的眼光去阅读其他的科普读物。

在本书中，我们可以感受到作者鲜明、果断的性格，独树一帜的文风，非常清晰且坚定地向读者传达了自己的科学观念与不同意见。正如作者所强调的，不论内行和外行都可以从本书中收益。

作者在前几章中用非常特别的方式向我们解释了一个实物的历史的定义，他通过介绍自己的"历史"、一支笔的"历史"非常自然地引入了一个数学和物理定律的"历史"，最后转到本书的核心内容时间的历史。

在第6章，作者用整整一章的篇幅，评论了几本关于"时间"的书籍，其中还包括在业内以及世界都非常著名的物理学家的作品。作者用带着他强烈的个人色彩的语句，质疑甚至批评了那几部作品里的一些观点。这让人不禁思考，是否我们一直以来被灌输的所谓的"真理"就是无懈可击的呢？对于那些专业的研究者提出的理论和推测，我们是否也应该用作者那种不畏惧的精神去质疑呢？这本书从一开始便已经强调过，理论不是重点，而是要读者学会用批判的态度去看待那些有关时间的理论。

每一本书的内容我们都要用辩证的角度去看待，而不是一味地灌输。就像本书也只是为读者打开一个新的思考的通道，它是一种对世界的不同理解，并不是一份绝对的"答案"。

服务热线：133-6631-2326　188-1142-1266

读者信箱：reader@hinabook.com

后浪出版公司

2021年4月

图书在版编目（CIP）数据

时间的起点 / (以) 阿里耶·本–纳伊姆著；李永学
译. –– 北京：北京联合出版公司, 2021.8
ISBN 978-7-5596-4960-7

Ⅰ.①时… Ⅱ.①阿… ②李… Ⅲ.①物理学—普及
读物 Ⅳ.①O4-49

中国版本图书馆CIP数据核字(2021)第060535号

THE BRIEFEST HISTORY OF TIME: THE HISTORY OF HISTORIES OF TIME AND THE
MISCONSTRUED ASSOCIATION BETWEEN ENTROPY AND TIME By ARIEH BEN–NAIM
Copyright: © 2016 BY WORLD SCIENTIFIC PUBSISHING CO. PTE. LTD.
This edition arranged with World Scientific Publishing Co. Pte. Ltd.
Through BIG APPLE AGENCY, INC., LABUAN, MALAYSIA.
Simplified Chinese edition copyright:
2021 Ginkgo (Beijing) Book Co., Ltd.
All rights reserved.
本书中文简体版权归属于银杏树下（北京）图书有限责任公司。

时间的起点

著　　者：［以色列］阿里耶·本–纳伊姆
译　　者：李永学
出 品 人：赵红仕
选题策划：后浪出版公司
出版统筹：吴兴元
编辑统筹：费艳夏
特约编辑：崔　星
责任编辑：高霁月
营销推广：ONEBOOK
封面设计：墨白空间·陈威伸

- -

北京联合出版公司出版
（北京市西城区德外大街83号楼9层　100088）
北京盛通印刷股份有限公司　新华书店经销
字数162千字　889毫米×1194毫米　1/32　7.5印张　插页4
2021年8月第1版　2021年8月第1次印刷
ISBN 978-7-5596-4960-7
定价：45.00元

- -

后浪出版咨询(北京)有限责任公司常年法律顾问：北京大成律师事务所　周天晖 copyright@hinabook.com
未经许可，不得以任何方式复制或抄袭本书部分或全部内容
版权所有，侵权必究
本书若有质量问题，请与本公司图书销售中心联系调换。电话：010-64010019